教育部青年基金项目（20YJC630174）—— 城市更新多元治理研究：结构、绩效与机理
浙江省社科基金青年项目（19NDQN334YB）—— 网络治理视角的城市更新决策模式研究
浙江省自然科学基金青年项目（LQ18G030011）—— 可持续城市更新决策模式研究—基于利益相关者参与的视角

城市更新背景下的
建筑拆除决策机制研究

徐可西◎著

MECHANISM DESIGN FOR DECISION−MAKING OF
BUILDING DEMOLITION IN URBAN RENEWAL

中国经济出版社
CHINA ECONOMIC PUBLISHING HOUSE

·北京·

图书在版编目（CIP）数据

城市更新背景下的建筑拆除决策机制研究／徐可西
著. --北京：中国经济出版社，2020. 6
ISBN 978 - 7 - 5136 - 6194 - 2

Ⅰ. ①城… Ⅱ. ①徐… Ⅲ. ①建筑物 - 拆除 - 决策 -
研究 Ⅳ. ①TU746. 5

中国版本图书馆 CIP 数据核字（2020）第 101952 号

责任编辑　姜　静
责任印制　马小宾
封面设计　华子图文

出版发行　中国经济出版社
印 刷 者　北京九州迅驰传媒文化有限公司
经 销 者　各地新华书店
开　　本　710mm×1000mm　1/16
印　　张　13. 25
字　　数　240 千字
版　　次　2020 年 6 月第 1 版
印　　次　2020 年 6 月第 1 次
定　　价　68. 00 元
广告经营许可证　京西工商广字第 8179 号

中国经济出版社 网址 www. economyph. com 社址 北京市东城区安定门外大街 58 号 邮编 100011
本版图书如存在印装质量问题，请与本社销售中心联系调换（联系电话：010 - 57512564）

前 言
• PREFACE •

　　我国城市建设与发展已经从过去注重外延规模扩张，进入注重城市更新和内涵发展的阶段。《2016 中国国土资源公报》数据显示，我国建设用地开发进入存量时代，城市更新正成为我国城市建设和发展的主要模式。近几年，全国各地实施了大量城市更新项目，主要形式包括旧城区改造、城中村改造、棚户区改造、旧工业区改造等。国家层面于 2008 年正式启动棚户区改造。根据《2018 年国务院政府工作报告》，过去五年，我国完成棚户区住房改造 2 600 多万套，并将实施"新棚改三年计划"，要求 2018—2020 年新改造棚户区 1 500 万套，涉及总安置居民超过 1 亿人次。同时，住房和城乡建设部于 2018 年初，在全国 15 个城市开展老旧小区改造试点工作，为推进全国城市老旧小区改造探索改造新模式，并将"盘活存量土地，推进既有建筑保留利用和更新改造，促进城市高质量建设发展"作为我国城市建设的工作重点。2020 年，国务院办公厅发布《关于全面推进城镇老旧小区改造工作的指导意见》，力争到"十四五"期末基本完成 2000 年底前建成的需改造城镇老旧小区改造任务。

　　此外，全国范围内众多一、二线城市在地方政府的主导下，结合自身条件和特点，开展了不同路径的城市更新实践。例如，为解决城市空间不足、土地资源严重缺乏的困境，广东省于 2008 年开始"三旧改造"试点，截至 2018 年 5 月，共实施改造项目 10 235 个，改造面积达 64 万亩。为解决传统工业重镇遗留问题，重庆市于 2001 年开始在主城区开展危旧房改造工作，2001—2012 年完成危旧房改造 2 200 多万平方米，安置居民 30 余万户。在此情形下，深圳、上海、广州等城市陆续出台城市更新办法，广州市正式挂牌成立城市更新局，标志着我国城市更新工作进入一个崭新、常态化的发展阶段。

城市更新是对建成区城市空间形态和功能进行可持续改善的建设活动。相较于传统的以经济增长为导向，以物质环境更新为主要模式的旧城改造，城市更新追求经济复兴、社会融合、环境优化等多目标协调的可持续发展。但在快速城市化的背景下，我国绝大多数城市仍在地方政府主导下采取经济型旧城改造模式，大拆大建现象十分突出，大量既有建筑没有达到设计使用年限就被随意拆除，带来社会资源浪费、城市文化遗失、环境恶化和社会冲突加剧等诸多社会问题。因此，通过系统研究，建立有效的既有建筑拆除决策机制，规范城市既有建筑的拆除活动，防止随意大拆大建的行为发生，从而合理地延长建筑使用寿命，对我国城市经济社会的可持续发展具有明显的理论意义与现实意义。

本书相关研究立足于大范围的实地调研，科学测度我国城市建筑的实际使用寿命，系统分析既有建筑被过早拆除的原因，并深入探析我国城市更新中建筑拆除决策机制的现存问题。在此基础上，运用城市治理理论，借鉴国内外的经验，采用定性与定量相结合的研究方法，从法规体系、决策组织结构、决策流程、决策评价指标体系等方面对构建和完善我国建筑拆除决策机制提出建议。研究的主要内容和结论如下。

第一，基于实地调研获得1 732栋被拆除样本建筑的基础数据，采用统计分析方法，测算被拆除建筑的平均使用寿命，分析使用寿命分布特征，明确我国建筑使用寿命现状。在此基础上，通过地理信息系统（GIS）软件和改进的Hedonic模型，识别出导致我国建筑过早被拆除的关键影响因素，并分析各因素对其作用机理。研究发现，被拆除建筑的平均使用寿命为34年，显著低于设计使用年限和国际水平，不同类型的建筑其使用寿命差别较大。本研究识别出了11个导致建筑被过早拆除的关键因素，分属于建筑特征、区位特征、邻里特征、经济因素和政治因素。研究表明，建筑的自身因素和外部因素均会影响建筑的使用寿命和拆除，但外部因素的影响程度大幅高于自身因素。

第二，综合运用文献研究、实地调研和专家访谈等研究方法，从政策法规体系、决策组织结构、决策流程、决策评价指标体系等方面系统深入地分析我国现行建筑拆除决策机制中存在的不足，并采用案例研究对识别出的问题进行验证。研究结果表明，我国城市更新与建筑拆除决策既缺乏成体系的法定依据，也缺乏实施决策的专职机构和决策评价指标体系。此外，决策流程中缺失了严谨的建筑评估、利益相关者意见征询等关键环节，公众参与也明显不足。

第三，本研究选择了英国、美国、新加坡和中国香港地区的最佳实践研究案例，基于文献研究和专家访谈，从城市更新与建筑拆除决策的相关政策法规、组织结构、决策流程、决策依据等方面总结出建筑拆除决策机制构建的优秀经验，为建立与完善我国建筑拆除决策机制提供参考。

第四，以可持续发展的城市更新为导向，综合运用定性与定量研究方法，构建了一个包含评价指标、指标权重、评价标准、评价方法的建筑拆除决策评价指标体系。本研究识别出了27个关键评价指标，包含了建筑自身状况评价类指标和建筑所处区域状况评价类指标。应用结构方程模型进行验证性因子分析，27个评价指标按属性划分为使用性能、经济效益、文化价值、区域发展、建筑区位和建筑安全六个维度，该体系具有稳定的结构。根据权重计算结果，建筑使用性能类指标对评价结果影响最大，其次为经济效益类指标。指标体系的建立为科学进行城市建筑拆除决策提供了体系化的支撑。

第五，针对我国现行的城市建筑拆除决策机制存在的问题和不足，采用理论推演法和专家会议法，借鉴国内外优秀经验，对我国构建和完善城市建筑拆除决策机制提出了建议。主要的建议包括：在政策法规体系方面，建立城市更新和建筑拆除的专项法规体系，并将城市更新纳入城市发展规划统筹考虑，强化法规的执行力度；在组织结构方面，设立城市更新决策专职机构，清晰界定各相关职能机构的职责；在决策流程方面，将其划分为两个阶段，分别是城市更新决策阶段和建筑拆除决策阶段。其中，城市更新决策流程优化的核心为增设基于单体建筑的综合性能评估环节，并以决策评价指标体系作为评估依据；建筑拆除决策流程优化的关键为增设业主表决、利益相关者意见征询等环节，提升公众参与度与透明度。

本研究测度了我国城市建筑的平均使用寿命，分析了造成我国城市建筑被过早拆除的原因，归纳了先进国家和地区相关机制建设的经验，提出了构建和完善我国城市建筑拆除决策机制的建议。本书的研究成果对丰富相关领域的研究具有一定的理论贡献，也对指导我国城市更新过程中的建筑拆除决策具有一定的参考意义。

笔者自2010年在重庆市主城区做了大规模的既有建筑使用寿命实地调研后，持续关注我国城市更新的最新动态。本书在编写过程中，得到了重庆大学管理科学与房地产学院院长刘贵文教授、香港理工大学建设与环境学院副院长沈岐平教授、中国建筑节能协会会长武涌教授的支持与帮助。此外，浙江财经大学的王彬威、姜春、苏婕妤等学生参与了本书的修编工作，在此一并表示感谢。本书相关研究得到教育部青年基金项目（20YJC630174）、浙江省自然科学基金青年项目（LQ18G030011）、浙江省社科基金青年项目（19NDQN334YB），以及首批浙江省高校高水平创新团队"城市治理与公共政策研究创新团队"、浙江财经大学城市应急管理创新团队的资助。由于一手数据获取有限，加之作者水平所限，本书不当之处敬请读者、同行批评指正，以便再版时修改完善。

2020 年 4 月

目　录
• CONTENTS •

1 绪论

1.1 研究背景

1.1.1 城市更新是我国城市建设和管理的重点问题

改革开放以来，中国经历了快速的现代化和城镇化进程，根据国家统计局的统计数据，2019 年中国城镇化率达到 60.60%。到 2020 年，预计将有 75% 的人口居住在城镇[1]。快速增长的城市人口，带来了大量新的城市住房和服务设施需求。同时，随着经济的发展和生活水平的提升，城镇居民开始追求更加舒适的居住条件和生活环境。国家统计局 2019 年发布的《建筑业持续快速发展 城乡面貌显著改善——新中国成立 70 周年经济社会发展成就系列报造之十》报告中指出，我国城市人均住宅建筑面积从 1978 年的 6.7 平方米增加到 2018 年的 39 平方米。另外，根据恒大研究院出版的《中国住房存量报告：2019》，截至 2018 年，我国既有城镇住宅建筑面积达到了 275 亿平方米，其中，1997 年前建成的住宅建筑面积约为 162 亿平方米，占城镇住宅存量面积的 59%。新中国成立后，我国城镇住宅建筑的建设经历了 7 个发展阶段[2]，20 世纪 80 年代以前一直采用福利制分房方式，住房建筑投资单一，国家负担过重，导致了大量居住建筑存在设计极其简陋（如筒子楼、缺乏独立卫生间或厨房）、建设标准低、功能不完善、施工质量差等问题；同时，居住区的各种基础设施与公共设施规模小、数量少、水平低，只满足城镇功能与居民生活的最低需求。80 年代，我国展开了城市住房制度改革，但由于大多数城市居民尚无购房条件，"半商品化住宅"仍占相当大的比重，这类住宅无论从质量还是可选择性方面均与商品住宅有一定的差距。此后 10 年间建成的住宅面积达到了 12.8 亿平方米，其中较大比例的住宅存在套型面积偏小，起居厅、厨房、卫生间等公共空间过小，结构体系落后等问题。直到 90 年代中后期，我国房地产市场逐步趋于专业化，城镇住宅的规划、设计和建设水平开始得到了较高的提升。因此，我国大量的城市既有建筑，尤其是建成于

90 年代以前的住宅建筑，因其自身的物理条件而需要被更新。

随着城镇化和房地产市场的快速发展，一线、二线城市核心区和近郊区的新增建设用地供应量极度稀缺，新建商品房主要集中在城市远郊区。同时，北京、上海等一线城市的房地产市场逐步进入存量房时代，即存量房的交易量占比超过了房地产市场交易总量的 50% 以上[3]。此外，中国经济在经历了几十年快速增长后，产业结构开始调整升级，逐步从工业化时期步入后工业化时代。产业的快速升级转换，促使了城市空间结构的调整和城市空间功能的置换，在导致我国很多城市老旧城区的活力丧失和空间价值衰退的同时，也带来大量新增建设项目的需求。在土地稀缺的存量房时代，加之国家对生态和耕地保护的要求，地方政府面临着财政收入增长和城市发展的双重压力，而房地产开发商面临发展空间缩减的困境。因而，各地政府开始更多地依靠存量建设用地的再开发来满足城市发展的需求，而土地级差地租的存在使开发商实施城市更新项目能获得明显的经济利益。

近几年，全国各地实施了大量的城市更新项目，每年 40% 的建设用地来自城市更新中的建筑拆除[4]，现阶段的城市更新类型主要有旧城区改造、城中村改造、旧工业区和烂尾楼改造等。2008 年，棚户区改造在全国范围内正式启动，根据 2013 年国务院印发的《国务院关于加快棚户区改造工作的意见》，2008—2012 年的五年内，全国共改造了 1 260 万户棚户区，并要求 2013—2017 年继续完成 1 000 万户棚户区改造。2015 年，国务院继而发布了《国务院关于进一步做好城镇棚户区和城乡危房改造及配套基础设施建设有关工作的意见》，要求 2015—2017 年内改造包括城市危房、城中村在内的 1 800 万套棚户区住房。此外，全国范围内的众多一线、二线城市在地方政府的主导下推动了大规模的城市更新，典型城市包括广州、深圳、北京、上海、天津、重庆、温州等。为解决城市空间不足、土地资源严重缺乏的困境，广东省于 2009 年开始全面实施"三旧改造"，截至 2014 年，共完成了改造项目 3 065 个，改造面积达 15.75 万亩[5]。深圳市的未利用土地仅为 43.60 平方千米，而"三旧"面积约为 240 平方千米，是未利用地的 5.5 倍，城市更新作为核心内容被列入深圳市第三次"土改"；截至 2013 年 12 月，深圳全市在建的城市更新项目已达 72 个，用地 5.45 平方千米，建筑面积约 1 923 万平方米，其中 2013 前三季度，城市更新供地 56.5 公顷，占全市房地产土地供应的 91%，城市更新批准预售量达到了 184 万平方米，占新建建筑的 37%[6]。温州市于 2013 年启动规模化的城市更新，综合整治和全面改造 85 平方千米建设用地，其中全面改造占据 56.5%。

深圳、上海等城市陆续出台城市更新实施办法，2015 年 3 月广州市城市更新局正式挂牌成立，这些举措标志着我国城市更新工作进入一个崭新、常态化发展阶段。在未来很长的阶段，城市更新都将是我国各城市解决生产、生活空间增长需求的有效途径，也是实现城市经济持续发展、产业升级重置和区域复兴的重要手段。因此，无论是理论研究还是实践方面，城市更新已经成为我国城市发展和建设的重点领域。

1.1.2　城市更新中大拆大建现象突出，建筑使用寿命过短

我国的城市更新过程中，伴随着大量既有建筑的拆除。据估计，1990—1998 年，北京在老城区拆除了 420 万平方米既有建筑[7]。1995—2004 年，上海在城市更新和基础设施建设中拆除了既有建筑 3 300 多万平方米，涉及搬迁74.5 万户居民[8]。2002 年全国拆除城镇住房 1.2 亿平方米，为当年商品房竣工面积 3.2 亿平方米的 37.5%，2003 年拆除城镇住宅 3.2 亿平方米，同比增长 34.2%，占当年商品房竣工面积 3.9 亿平方米的 41.3%。根据清华大学建筑节能研究中心 2012 年发布的《中国建筑节能年度研究报告 2012》[9]可知，"十一五"期间，全国共有 30 亿平方米的城镇既有建筑被拆除，拆建比达到23%。"十二五"期间，2011 年我国城镇住宅的拆除量约为 1.3 亿平方米，占住宅存量的 0.75%；2013 年，拆除面积上升至 4 亿平方米，约占当年新建建筑的 1/5[6]。我国城市更新中的既有建筑拆除规模远远超过了美国同一时期的建筑拆除量[7]。

既有建筑的拆除重建是城市更新的一种模式，也被认为是城市更新中的普遍现象，但我国毫无限制的大拆大建活动导致了大量城市既有建筑的过早死亡。中国建筑科学研究院的报告中指出[10]，我国 1970 年前建成的城镇既有建筑存量仅为 10 亿平方米，即使在 1970 年以前的建筑全部被拆除的情况下，"十一五"以后拆除的 30 多亿平方米被拆除的既有建筑中，超过 20 亿平方米的城市建筑的使用寿命小于 40 年。原建设部副部长仇保兴指出，中国的城市建筑使用寿命只有 30 年左右。例如，2007 年 1 月 6 日，杭州西子湖畔第一高楼，浙江大学湖滨校区 3 号楼由于所在地块被高价出卖而被拆除，仅使用 13年；2010 年 2 月 6 日，南昌的著名地标五湖大酒店因结构与功能设计的缺陷被整体爆破，历时仅 13 年；2012 年 8 月 30 日，重庆市朝天门老地标建筑重庆港客运大楼和三峡宾馆因被纳入危旧改范围而被实施爆破，使用寿命分别为 16 年和 20 年。根据《民用建筑设计通则》（GB 50352—2005），普通建筑的设计使用年限为 50 年，纪念性建筑和特别重要的建筑为 100 年。通过与设计使用年限和西方发达国家住宅使用寿命（表 1.1）对比可知，我国城市建筑使用寿命过短状况十分严重。

表1.1　西方发达国家建筑使用寿命对比

国家	比利时	法国	德国	荷兰	西班牙	英国	奥地利	美国
使用寿命（年）	90	102.9	63.8	71.5	77.3	132.6	80.6	80

资料来源：宋春华.全寿命　高品质——坚持以人为本，实行住宅性能认定［J］.住宅科技，2004（9）：3-7.

1.1.3　建筑使用寿命过短造成多方面的危害

（1）城市历史文化的断裂与缺失

建筑是城市系统中最重要的组成部分，其作为历史文化的实物载体，见证了城市的发展和变迁，承载着当地居民的群体记忆，在城市风貌、社会历史文化传播和传承中起着重要的作用。同时，城市既有建筑本身是特定时期建筑技术与艺术的最直观反映。现阶段城市更新过程中，大量既有建筑被拆除重建，代之以千篇一律的新建筑，其中许多未列入保护名册的历史建筑、优秀近现代建筑和街区也被拆除。如建于1910年具有百年历史的湖北武汉"三一堂"，即使在文保、房管部门认定其具有保护价值并建议保持其原有建筑风貌的情况下，仍被拆除重建成商场。大规模的城市建筑拆除行为破坏了城市的既有肌理，导致了建筑学上和其所代表的历史价值的损失。

（2）造成社会财富和资源的浪费

建筑占据了全球40%以上的能源消耗和12%的用水量，中国每年新建建筑的面积达到20亿平方米，消耗了全球大约40%的钢铁和水泥[11]，却只能使用30年左右，造成了大量资源的浪费。此外，既有建筑拆除重建也增加了建筑全寿命周期的总成本[12]。根据上海市高级经济师顾海波的计算，2005年全国城镇住宅建筑面积达99.58亿平方米，以平均每平方米建安造价1 000元计算，如其使用寿命由平均30年增加为50年，则可节约6.67万亿元[13]。DeSimone等提出，提升资源利用效率的有效途径是延长产品的使用寿命[14]，因此延长既有建筑的使用寿命是节约能源的有效措施[15]。

（3）加剧了环境的污染

2014年11月12日中国政府与美国政府达成温室气体减排协议，承诺到2030年停止增加二氧化碳排放量。建筑占据了全球三分之一的温室气体排放[16]，约占1.36亿吨城市垃圾，其中将近一半是来源于建筑拆除[17]。由于废物处理技术的欠缺，建筑垃圾产生了大量有害物质，并对水体和土壤表层造成坏的影响。中国建筑垃圾占据了城市垃圾总量的30%～40%，每万平方米拆除的旧建筑，将产生7 000～12 000吨建筑垃圾[11]。中国未来建设过程中产生的新建建筑和拆除垃圾的量很大程度上取决于既有建筑的使用寿命[18]。

建筑使用寿命过短与我国的发展目标和倡导建设的"资源节约型、环境友好型社会"的精神相悖。

（4）引发社会不稳定和冲突

既有建筑使用寿命过短会破坏邻里之间凶固有的物理关系而形成的社区稳定性[19]。大规模的拆迁行为往往伴随着潜在的社会冲突。既有社区中的原住居民互相之间形成了相对稳定的社会关系网络，对旧社区进行拆除重建，就需要对旧社区中的原住居民进行重新安置，从而增加了社会冲突的来源[7,20]。而我国的拆迁过程中还存在公共利益泛化、执法不严、损害民众利益等问题，根据 Shan 和 Yai 的研究，土地征用和既有建筑拆除行为是造成我国社会冲突问题的重要原因[21]。

1.2 研究意义与研究目的

1.2.1 研究意义

（1）理论意义

我国城市更新中大量既有建筑被随意拆除，导致建筑使用寿命过短，已成为社会和城市可持续发展亟待解决的突出问题。近年来，国内虽然有多位学者对我国城市建筑的"短命现象"进行了研究，但现有研究成果更多是从典型的单体被拆除建筑着手，定性分析我国建筑使用寿命过短的现象、原因及措施建议，而对我国城市既有建筑的实际使用寿命、建筑被过早拆除的影响因素及作用机理、建筑使用寿命的延长策略均缺乏基于实地调研与系统理论研究和量化分析的研究。完善的城市既有建筑拆除决策机制可以直接有效地阻止我国城市更新中的大拆大建，也是有效延长城市既有建筑使用寿命的基本策略，但城市更新领域现有研究更多侧重于更新利益主体博弈、更新机制、改造模式等方面的研究，而对既有建筑的拆除决策机制缺乏相应的关注。

此外，随着城市可持续发展理论的不断完善，人们对建筑的全寿命周期评价愈发重视，但在应用全寿命周期评价时，如何能准确地预测建筑使用寿命这一根本性的问题却未引起足够重视。如果理论的预期使用寿命和实际的使用寿命相距甚远，那么全寿命周期评价就会显得毫无意义。因此，本书的相关研究基于大量的样本数据，采用定性与定量相结合的研究方法，科学测度我国城市既有建筑的实际使用寿命，系统分析既有建筑被过早拆除的影响因素，在全面深入的现状分析基础上，借鉴优秀的经验，依据系统的理论，建立科学的建筑拆除决策机制，弥补我国建筑使用寿命和建筑拆除决策研究的不足，丰富完善城市更新研究体系，成为对城市可持续发展研究的重要补充。

（2）实践意义

虽然我国对新建建筑的立项可行性论证有较为完善和系统的管理体系，但是对既有建筑的拆除却缺乏系统科学的决策机制。现有与建筑拆除相关的政策法规多侧重于拆迁补偿和拆除阶段的施工管理，对建筑本身是否应该被拆除却缺乏相应的关注，且拆除决策过程缺乏客观、可操作强的决策依据和科学透明的决策流程，使得大量既有建筑在城市更新项目实施中被随意拆除，大大降低了我国的建筑使用寿命。

本书的相关研究基于大量样本数据，系统地分析评价我国建筑使用寿命的现状，不仅有利于提升社会各界对我国建筑使用寿命过短现象的关注度，明确延长我国建筑使用寿命的重要性与迫切性，也是建筑拆除决策机制研究的基础。在明确现状的基础上，建立建筑拆除决策评价指标体系和提出建筑拆除决策机制构建与完善的建议，有利于丰富政府决策，为我国建筑的拆除程序规范化提供支撑，使建筑的拆除决策科学化、透明化，从而有效防止建筑拆除决策中的主观性和随意性，使建筑使用寿命得以合理延长，促使我国城市更新的健康、可持续发展。

1.2.2 研究目的

本书相关研究立足大规模的实地调研，在深入分析我国建筑使用寿命现状和建筑拆除决策机制现存问题的基础上，运用城市治理理论和优秀经验借鉴，采取定性与定量相结合的系统研究方法，旨在构建一个科学、完善的建筑拆除决策机制，使城市更新中的建筑拆除合理化，从而有效延长我国城市建筑的使用寿命。具体的研究目标主要包括以下三个方面。

（1）科学测度我国城市建筑使用寿命和分析城市建筑被过早拆除的原因

本研究在进行大量被拆除城市建筑案例收集与实地调查的基础上，采用科学的统计分析方法，测算被拆除建筑的实际使用寿命，识别影响建筑使用寿命的关键因素，并分析各因素和建筑使用寿命间的相关性和影响程度，得以准确、全面地认识我国建筑使用寿命的现状及建筑过早被拆除的原因。

（2）构建科学的建筑拆除决策评价指标体系

本研究通过建立城市既有建筑拆除决策评价指标体系，明确既有建筑的拆除标准并将其应用于决策过程，作为城市更新中既有建筑综合性能评估的依据。此外，基于评估结果和评价标准作出科学的决策，可以有效杜绝城市更新中建筑拆除决策的主观性和随意性，提升决策结果的科学性和客观性，从而使建筑的使用寿命得到合理延长。

（3）构建和完善城市更新中建筑拆除决策机制

本研究旨在从法规体系、决策组织结构、决策流程等方面提出构建和完善我国建筑拆除决策机制的建议，为我国城市更新中的建筑拆除决策提供法定性的依据，明确决策主体和职责，并方便决策者从每个决策环节进行控制，使建筑的拆除决策过程科学化、透明化，这也是建筑拆除决策评价指标体系应用于实践的基础和保障。

1.3　研究范围与研究内容

1.3.1　研究范围

本研究的研究对象是城市中既有建筑，包括民用建筑和工业建筑，其中民用建筑包括了居住建筑和公共建筑（如商业建筑、办公建筑、纪念建筑、综合建筑等）。此外，本研究将建筑拆除决策限定在城市更新背景下，即关注的是拆除重建类城市更新项目中的建筑拆除决策，是该类城市更新项目决策的有机组成部分。综合我国各城市的城市更新实施情况和发达国家的实施情况，拆除重建类城市更新项目可以分为自主产权建筑主动申请拆除和公共利益征收引起的建筑拆除两种常见的模式。自主申请拆除是具有自主产权的建筑因功能、改善居住环境或商业目的等原因，由建筑所有权人申请拆除，政府间接参与的模式。征收拆除是因为城市发展需要，基于公共利益需求，由政府部门发起并主导项目实施的模式。

1.3.2　研究内容

立足于通过构建科学的建筑拆除决策机制，实现城市既有建筑拆除规范化，从而延长建筑使用寿命的研究目标，本书的主要研究内容包括以下五个方面。

（1）分析我国城市建筑的使用寿命现状及其影响因素

本研究选择我国城市更新活动中具有代表性的城市作为实证研究区域，对该区域内被拆除建筑进行大规模样本收集，通过真实数据和科学方法测度我国城市建筑的平均使用寿命并分析其分布特征。在此基础上，从建筑特征、区位特征、邻里特征、经济因素、政治因素、历史文化等方面识别影响我国城市建筑使用寿命的关键因素，并通过因素关系模型的构建和分析，明确各因素的作用机理。

（2）建筑拆除决策机制现状分析与问题识别

通过文献研究，梳理分析国家和地方层面的相关法律法规和实施细则，分析总结我国城市更新和建筑拆除决策相关法规中存在的不足。随后，选择城市更新实践在全国领先的典型城市，基于文献和专家访谈，采用对比分析的方法，从组织机构设置、决策流程、决策依据和决策方法等方面识别出存在的问题和改进方向。在此基础上，通过城市更新中建筑拆除典型案例研究，验证我国现行建筑拆除决策机制中存在的问题。

（3）国内外建筑拆除决策机制构建最佳实践研究

国内外实践的优秀经验借鉴是构建我国建筑拆除决策机制的基础。本研究选择具有代表性的先进国家和地区，包括在城市更新领域走在世界前列的英国和美国，以及与中国大陆地区在城市居住模式、建筑密度、土地稀缺方面具有可比性，同处亚洲的新加坡和我国香港地区，从政策法规、规划体系、组织机构、决策流程、决策依据等方面分析并总结出建筑拆除决策机制构建的优秀经验。

（4）既有建筑拆除的决策评价指标体系研究

通过科学的指标体系判断城市既有建筑在城市更新中是否应该被拆除，是城市建筑拆除决策的关键。本研究在理论研究和国内外优秀经验借鉴的基础上，采用定性和定量相结合的方法，构建包含评价指标、指标权重、评价标准、评价方法等内容的决策评价指标体系，为城市更新中建筑拆除决策提供依据。

（5）构建与完善我国建筑拆除决策机制的建议

通过理论推演和专家会议法，以我国现行的城市更新中建筑拆除决策机制为基础，针对存在的不足和待优化的方向与空间，以城市治理理论为导向，借鉴优秀经验，从政策法规体系、决策组织结构、决策流程等方面提出构建和完善建筑拆除决策机制的建议。

1.4 研究方法

本书的研究立足于定性和定量分析相结合，针对研究目标和研究内容，综合运用了多种研究方法，包括文献研究、实地调研、专家访谈与讨论会、定量研究、理论推演等方法，各种方法的具体应用如下。

（1）文献研究

通过文献检索，首先全面回顾国内外在城市更新、建筑使用寿命和建筑拆除决策机制领域的相关研究，发现现有研究的不足。在城市更新方面，检索的重点是国内外城市更新理论和知识体系的发展，包括城市更新政策体系、更新决策、更新策略和模式等；在建筑使用寿命方面，则关注使用寿命的测算方法和影响因素的分析；在建筑拆除决策机制方面，包括既有建筑综合状态的评价体系研究和决策机制等。其次，通过研究相关城市治理理论，选择指导建筑拆除决策机制构建和完善的基础理论。再次，通过大量一手文献（政府建筑拆除决策会议记录等）和二手文献的梳理分析，明确我国既有建筑拆除决策机制的构建基础，发现不足与可能改进的方向。最后，基于文献研究，对先进国家和地区的城市更新体系和既有建筑拆除决策机制进行系统研究，总结出优秀经验，指导我国决策机制的构建和完善。

（2）实地调研

本研究通过实地调研，收集整理大量被拆除建筑的基本信息，包括样本建筑的建设年代、拆除年代、建筑结构、楼层数、面积等建筑特征值，为建筑使用寿命测算和影响因素分析建立基础数据库。在明确我国建筑使用寿命现状后，为了深入了解我国建筑拆除决策的现状与问题，本研究选择了重庆市朝天门片区整体拆除再开发项目作为实际案例进行分析。为获得该项目的原始资料，作者组织了四次实地调研，获取了项目的区位、周边物业情况以及项目现状的图片资料等，同时，也对周边的居民进行了调查和访谈，获取了大量一手资料。

（3）专家访谈与专家讨论会

组织专家访谈与专家讨论会是本研究中应用的重要的定性分析方法，涉及研究的各阶段。在现行建筑拆除决策机制问题识别和建筑拆除实际案例分析阶段，作者分别在重庆市和深圳市进行了多次专家访谈，参与访谈的专家主要为城市更新和建筑拆除主管部门的政府工作人员、资深的城市建设专业人士、相关利益群体等。在国内外优秀经验分析总结阶段，作者在文献研究的基础上，通过对我国香港地区和新加坡相关领域专家的访谈，得以从实践层面深入地了解了先进国家、地区建筑拆除决策机制的实施情况及实施效果。在建筑拆除决策机制及评价指标体系构建阶段，作者通过多轮次的专家讨论会，对基于理论分析得出的评价指标体系、评价标准及决策流程进行修正，最终使建立的建筑拆除决策机制具有指导实践的现实意义。

（4）定量研究

本研究基于实地调研获得的大量被拆除建筑样本数据，采用描述性统计的方法对被拆除建筑的寿命及其分布特征进行分析。在此基础上，应用 GIS（Geographic Information System）软件和改进的 Hedonic 模型识别出导致建筑被过早拆除的关键因素，并分析各因素和建筑使用寿命间的相关性和影响程度。建筑拆除决策评价指标体系构建阶段，在采用文献研究和专家讨论会确定的初始指标体系的基础上，通过问卷调查法对各初始指标的重要性程度进行评价，对问卷结果分别采用 SPSS 软件和 AMOS 软件进行探索性因子分析（EFA）和验证性因子分析（CFA），筛选指标并将各指标进行维度划分，最终得到较稳定且与理论、实践相一致的指标评价量表，其中验证性因子分析为结构方程（SEM）的一种特殊应用。在指标维度划定后，通过各级指标权重系数计算，获得各指标在决策机制框架中的重要性占比。

（5）理论推演与归纳总结

本研究基于我国现行既有建筑拆除决策机制，针对存在的不足，以城市治理理论为理论依据，借鉴先进国家和地区的优秀经验，采用理论推演的方法，从法规体系、组织结构、决策流程三个方面提出构建和完善建筑拆除决策机制的建议。

1.5 技术路线

本研究的技术路线框架图主要分为五个阶段，如图 1.1 所示，各阶段内容分别是明确研究问题、理论构建、现状分析与问题识别、国内外最佳实践研究和构建完善的建筑拆除决策机制。首先，利用文献研究法，提出研究问题，明确研究背景、研究目标和意义、研究内容和方法。其次，通过文献综述，界定基本概念，明确城市更新决策、建筑使用寿命、建筑拆除决策等领域现有理论及研究基础和不足，选取新公共管理理论和利益相关者理论等城市治理理论作为建筑拆除决策机制构建和完善的理论基础。再次，本研究基于实地调研，采用描述性统计分析的方法，测算被拆除建筑的实际使用寿命，应用GIS 软件分析和改进的 Hedonic 关系模型，识别出我国城市既有建筑过早被拆除的关键影响因素，并分析各因素的作用机理。在此基础上，本研究综合运用文献研究、实地调研、专家访谈等研究方法，立足全国、地方及典型城市，从政策法规、组织机构设置、拆除决策流程等方面，分析我国既有建筑拆除决策机制现状，识别出存在的问题，并进行案例验证。在现状分析的基础上，本研究选择英国、美国、新加坡、中国香港地区作为案例国家和地区，采用文献研究和专家访谈的方法，从法规体系、组织机构、决策流程、决策评价指标体系等方面总结出城市更新中建筑拆除决策机制构建方面的优秀经验。最后，本研究以城市治理理论为指导，基于我国建筑使用寿命与建筑拆除决策机制的现状与存在的问题，借鉴国内外的优秀经验，构建完善的建筑拆除决策机制，包括两个方面：一是立足实证研究，利用结构方程模型进行探索性因子分析和验证性因子分析，建立包括评价指标、指标权重、评价标准、评价方法等内容的决策评价指标体系；二是运用理论推演和专家会议的研究方法，从法规体系、决策组织结构和决策流程方面构建完善的决策机制框架。

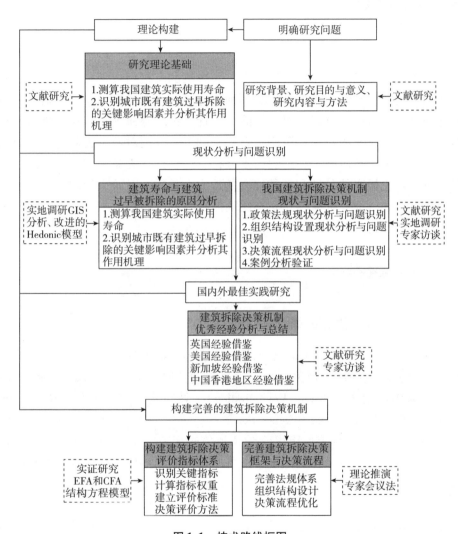

图1.1 技术路线框图

资料来源：作者自绘。

2 文献综述

城市既有建筑的拆除决策是城市更新决策的有机组成部分。对建筑拆除决策机制的研究不能脱离城市更新而独立存在。本章主要基于文献研究，对城市更新、城市更新方式、建筑拆除与拆迁、建筑寿命等基本概念进行阐述和界定，明确研究的对象和范围。在此基础上，分别对城市更新与城市更新决策、建筑使用寿命测算和影响因素分析、建筑拆除决策的相关研究进行综述，明确理论研究的基础和有待完善的地方。最后，对城市治理理论的相关研究进行综述，选择对构建和完善建筑拆除决策机制具有指导意义的治理理论作为本研究的基础理论。

2.1 基本概念

2.1.1 城市更新的概念和演进

城市更新（Urban Renewal）的概念随着城市的发展而不断变化，具有丰厚的内涵和时代特征。相关概念与表述包括：城市重建（Urban Reconstruction）、城市再复苏（Urban Revitalization）、城市再开发（Urban Redevelopment）、城市再生（Urban Regeneration）。

"二战"之前，西方城市更新受"形体决定论"的影响，希望通过整体的形体规划来摆脱城市发展困境，主要有两方面的措施，即城市卫生环境改善和城市美化[22]。

20 世纪 50 年代，"二战"的破坏导致西方许多国家均面临房屋受损问题以及住宅匮乏问题。这种情形下，各国开启了大规模的城市重建运动，大量清理贫民窟、拆除老建筑以改造城市中心区[22]。

20 世纪 60 年代到 70 年代，学者们开始对大拆大建的更新模式进行了大量思考。Jacobs 对大规模改造运动进行了尖锐的批判，她强调了"城市多样性"在城市发展中的重要作用[23]。同年，Mumford 在其著作《城市发展史》中表示反对"巨大"和"宏伟"的巴洛克式城市改造活动[24]。在"人本主义"思想的影响下，城市更新日益强调城市功能。到了 20 世纪 70 年代，城市更新主要是指为解决内城衰退问题而采取的城市发展手段，其重点是提升城市中心地区的实力以及增加就业岗位。

20 世纪 80 年代，城市再开发成为城市更新的新路径，加强城市土地的再利用，将工业区等再开发成为商业区，强调经济的发展，同时也强调私人与政府之间的合作。

20 世纪 90 年代，城市更新除了追求内部环境改善之外，开始站在城市竞争力提升的角度追求城市更高层次的发展，因此就形成了城市再生。城市再生引入了可持续发展理念，追求城市可持续发展，重视生态环境保护问题，保护历史遗产，在传统城市更新的基础上，内容更加丰富[25]。

随着时代和城市更新活动内涵的变化，城市更新的概念也在不断演变。城市更新早期的概念是在 1958 年荷兰召开的第一次城市更新国际会议上提出的，其概念是：生活在城市中的人，对于自己所居住的建筑物、周围环境或出行、购物、娱乐及其他活动开展的环境有各种不同期望和不满。因此，人们迫切希望对自己所居住的房屋进行改造并且改善街道、公园、绿地和不良环境，尤其是通过土地利用形态或性质的改善，以形成舒适的生活环境和美丽的市容。包括以上所有内容的城市建设活动就是城市更新[26]。早期的城市更新更多强调物质改造，代表性的说法是 Buissink 提出的：城市更新是修复衰败陈旧的物质构件，并满足现代功能要求的一系列建造行为[27]。随着城市的发展，城市更新的定义不断深入，其关注点从单维的物质形态方面转向了经济、社会、文化等多个方面[28]。英国 1977 年颁布的《内城政策》中指出：城市更新是一种综合地解决城市问题的方式，包括经济、社会、政治与物质环境等方面。Couch 则从社会及经济的角度出发，提出城市更新是由于社会力量及经济力量对城市的作用，所导致的物质空间变化、土地和建筑用途变化或者利用强度变化[29]。进入 21 世纪，城市更新中引入了可持续发展的理念，Roberts 将城市再生定义为：一个广泛全面且综合整体，引导城市问题的解决，并力求引导变化地区的经济、物质、社会及环境方面的持续改善的远见及行动[30]。Lorr 从可持续最常见的三个理论视角，即代内和代际的公平正义的视角，环境、经济和社会公平的视角以及自由市场视角，针对北美地区的可持续城市更新提出定义：旨在提高城市环境质量，加速经济发展，增进社会公平正义的城市地区开发与再开发的过程[31]。

国内的众多研究者也对城市更新从多方面予以解读。吴良镛从历史保护的角度，指出城市更新是在维护城市整体性、注重城市历史文化保护的基础上，进行适度规模的渐进式改造[32]。进入 2000 年以后，学者们逐渐开始强调城市更新在社会、经济、历史文化、物质更新等方面的综合性。阳建强通过分析西欧各国城市更新实践,结合中国城市发展的现状与问题,将城市更新定义为:城市更新改建作为城市自我调节机制存在于城市发展中,其主要目的在于防止、阻止和消除城市衰退,通过结构与功能不断地调节相适,增强城市整体机能,使城市能够不断适应未来社会和经济的发展需求[33]。从城市更新决策方面考虑,城市更新是对城市中衰落的区域进行拆迁、改造和建设,使之重新发展和繁荣,是城市管理中公平和效率的矛盾交汇点[34]。随着我国城市更新工作的不断推进,相关地方性法规与文件也对城市更新的定义做了明确阐述。作为中国城市更新实践的先行地区,深圳在2009年颁布的《深圳市城市更新办法》指出,城市更新是指由相应主体对特定城市建成区(包括旧工业区、旧商业区、旧住宅区、城中村及旧屋村等)内存在"环境恶劣或存在安全隐患""基础设施亟待完善""现有情况阻碍经济发展"等情况的区域,根据城市规划和规定程序进行综合整治、功能改变或者拆除重建的活动。在《上海市城市更新实施办法》中,对城市更新的定义是:在城市发展中,对建成区城市空间形态和功能进行可持续改善的建设活动。

依据国内外相关研究和文件的表述,本研究将城市更新定义为:针对城市建成区域的空间形态和社会功能所进行的改善活动,旨在促进城市环境、经济、社会的可持续健康发展。

2.1.2 城市更新方式

城市更新是城市建设和管理中一项长期而复杂的工程,包含了多样化的更新方式。在城市更新项目中,最常用的更新模式包括再开发(Redevelopment)和修复(Renovation),再开发指拆除既有建筑对土地进行再利用,修复通常指采取诸如性能维护、维修、设备和材料的升级、以及适当的功能转换等措施,确保既有建筑维持应有的使用价值[35]。而根据吴良镛在《北京旧城与菊儿胡同》中的观点,城市更新主要包含三方面的内容:改造、改建或再开发,整治以及保护[32]。叶南客认为,城市更新的主要方式有三种:一是重建,即拆除既有建筑将土地再做合理的使用;二是整建,指将既有建筑的全部或一部分予以修整、改造或更新设备,增强其服务功能;三是维护,即对现有建筑结构、实体的修理与保护[36]。阳建强则将城市更新的方式划分得更细致,他认为城市更新主要有重建、再开发、改善、保存、保护、复苏、更新、再生以及复兴等方式。综上所述,国内外学者们对于城市更新方式的划分虽有所不同,但涵盖的类型基本相同。本研究按对既有建筑更新程度的不同,将城市更新方式划分为现状维持或维护、维修或加固、适应性再利用改造（如改变功能等）和拆除重建四种[33]。

2.1.3 建筑拆除与拆迁

拆除与拆迁是一对相互联系却又有本质区别的术语。根据《辞海》的定义，拆除即拆掉、除去之意。对于具体的建筑拆除，蒋之峰定义为：人们通过一定的手段，凭借一定的方法对建筑物（构筑物）实行破坏，并清运残渣的过程[37]。赵双禄也提出了类似的观点，他认为建筑拆除是把现有的建筑物（或构筑物）局部或全部切割或破碎，将切割或破碎物装车外运。综上所述，建筑拆除是建筑物（构筑物）的拆卸，其对象是工业与民用建筑、构筑物、市政基础设施、地下工程、房屋附属设施等[38]。"拆迁"是中国社会转型时期的一个特殊语汇，"拆迁"在英文中并没有一个非常恰当的英语表述[39]。对于其明确定义，《辞海》的定义为：因建设需要，拆除单位或居民房屋，使住户迁往别处，或暂迁别处等新屋建成后回迁。根据我国《国有土地上房屋征收与补偿条例》的规定，拆迁即是为了公共利益的需求，根据国民经济和社会发展规划、土地利用总体规划、城乡规划、专项规划和国民经济和社会发展年度计划，由房屋征收实施单位依法拆除建设用地范围内的房屋和附属物，并对房屋所有权人进行安置以及补偿的活动。可以看出，拆迁在建筑拆除之外，更多关注的是房屋所有权人的安置与补偿问题。本研究的研究范围仅针对建筑物的拆除，而不涉及拆迁安置的内容。

2.1.4 建筑寿命

近年来，大量建筑轻易地被拆除，在我国学术界引起了众多学者对于"建筑寿命过短"问题的关注，然而对"建筑寿命"的定义，国内外学者专家有不同的表述。蒋晓东从结构层面提出建筑寿命包括了设计寿命、剩余寿命、经济偿还寿命、功能寿命、结构寿命和社会寿命六种类型[40]。沈金箴提出将建筑寿命分为物质性和非物质性寿命[41]。陈健则在前人的基础上提出，建筑寿命除了物理寿命、功能寿命、经济寿命和社会寿命外，还应包括人文寿命及环境寿命等[42]。本研究针对我国被拆除建筑寿命过短的问题，将建筑寿命定义为建筑的实际使用（服务）寿命，即建筑物从建成到拆除的时间，其受物理寿命、功能寿命、经济寿命和社会寿命等共同决定。

2.1.5 决策与机制

决策（Decision – making）最先出现在 20 世纪 30 年代美国的管理文献中，被广泛应用于管理学则是在 20 世纪 60 年代以后[43]。国内外学者对决策的定义，可以归纳为名词和动词两种定义方式。名词词性的决策是指"对未来实践的方向、目标、原则和方法所作的决定"。动词词性的决策，是指"人们在改造世界过程中，寻求并决定某种最优化目标即选择最佳的目标和行动方案而进行的活动"。管理学家西蒙所提出最广为认知的概念义，即"管理就是决策"，正是属于第二种定义方式。本研究中将决策视为一种活动过程，具体定义为通过综合分析与比较，在若干备选方案中选定最优方案的过程。

按照《辞海》的解释："机制"借指事物的内在工作方式，包括有关组成部分的相互关系以及各种变化的相互联系。依照《现代汉语规范用法大词典》的释义，机制是指"有机体的构造、功能和相互关系"，经常用来泛指复杂有机体的结构和工作关系。根据城市更新的特点，杨瑞对"机制"做了深入分析，指出"机制"即为"机"与"制"，包含"结构"和"运行机理"两个部分；而决策机制则是关于决策系统的组织和结构，以及其之间或者其部分之间相互作用的过程和作用方式的综合体[44]。决策机制可以分为决策支持系统和决策主体系统，决策支持系统主要体现在决策依据和决策方法，决策主体系统主要指决策主体行为及其相互关系[45]。

基于上述论述，本研究将建筑拆除决策机制划分为决策主体系统和决策支持系统，其中决策主体系统包括决策参与主体、决策组织架构等，决策支持系统包括决策依据（如政策法规、决策评价指标体系）、决策流程、决策方法等。

2.2　城市更新与城市更新决策相关研究综述

在现有中英文文献中，城市更新与城市更新决策相关研究的成果十分丰富。英文文献与中文文献体现的历史时期、研究背景、研究内容与研究热点等有较大的差异。为了便于梳理清楚，本节对英文文献与中文文献的相关研究成果分别进行阐述。在文献研究的过程中，为了更好地发掘文献的内部结构与相关主题之间的关系，作者使用了文献研究工具软件 Citespace III。

2.2.1　英文文献综述

（1）相关英文文献概况

在研究过程中，作者以"Urban Renewal""Urban Regeneration""Urban Redevelopment""Urban Rehabilitation""Urban Revitalization"等词作为关键词和主题词，在多个英文文献数据库中进行检索，共搜索出 1 704 篇高水平英文期刊论文。从检索结果可以看出，西方国家对城市更新的学术研究，主要起步于"二战"之后，但直到20世纪90年代之后才成为热点研究领域。

应用Citespace III软件对上述文献进行分析，可以看出城市更新研究所涉及的学科方向分布广泛，如图2.1所示。最常见的领域除了城市研究（Urban Studies）之外，还有环境科学与生态（Environmental Sciences & Ecology）、地理学（Geography）、公共管理（Public Administration）、规划与发展（Planning & Development）等，也部分涉及了商学与经济学（Business & Economics）、治理与法律（Government & Law）、历史（History）、交通学（Transportation）以及工程学（Engineering）等。分析结果显示，除了工程学和交通学等技术性极强的学科较为独立之外，城市更新研究涉及的各个学科方向之间相互交叉渗透，形成了清晰紧密的网络，并集中在社会科学这一大领域之中。

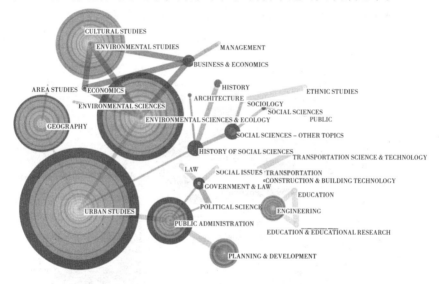

图2.1 高水平英文期刊论文城市更新学科门类关系网

资料来源：作者自绘。

利用Citespace III对上述文献的标题、摘要、关键词中的所有文字进行词组共现分析，结果如图2.2所示。

可以看出目前"城市更新"方向在英文高水平期刊论文中的术语表达有"Urban Redevelopment""Urban Renewal"以及"Urban Regeneration"，均具备极高的中心性，而使用频率最高的是"Urban Regeneration""Urban Renewal"次之。在上述文献中，最早出现的是"Urban Redevelopment"，从字面上可以理解其含义为城市再开发。该词组主要与"城市（Cities）""地理（Geography）"与"城市发展/开发（Urban Development）"直接共现，其倾向于城市土地的再利用以实现经济发展。到了 20 世纪 60 年代前后，"Urban Renewal"
成为城市更新中最广泛使用的词组，源于这一时期西方国家对"二战"后毁
坏城区的重建活动，以及大规模的贫民窟清理。该词组主要与"拆除（Demo-
lition）""政治（Politics）"等共现，表明这时的城市更新主要是政府自上而
下的行为，过程中伴随着建筑的大规模拆除重建，是一种剧烈的城市更新方
式。到了 20 世纪 90 年代前后，"Urban Regeneration"逐渐成为西方国家的城
市更新方式，并成为学界主流。该词组主要与"可持续发展（Sustainable De-
velopment）""城市政策（Urban Policy）"与"社会排斥（Social Exclusion）"
等共现，表明与"Urban Redevelopment"与"Urban Renewal"相比，"Urban
Regeneration"代表的是一种综合、多维度的城市更新视角和方式，旨在解决
当代城市普遍面临的多方面问题，提升城市的经济、物质、社会及生态环境。

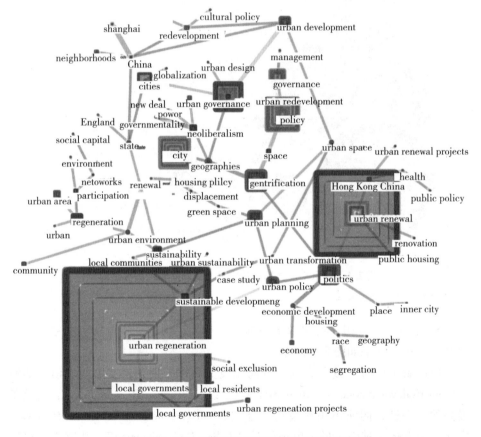

图 2.2 高水平英文期刊论文城市更新词组共现图谱

资料来源：作者自绘。

（2）研究脉络与热点

通过对检索到的文献进行共引关系分析，筛选出对城市更新与城市更新决策的研究有重大影响的英文文献，如表2.1所示。

表2.1 部分对城市更新研究有重大影响的文献

作者	年份	标题	中心性	被引
Davie Harvey	1989	From managerialism to entrepreneurialism： the transformation in urban governance in late capitalism	0.45	78
Neil Smith	1996	The new urban frontier： Gentrification and the revanchist city.	0.20	78
Richard Florida	2002	The rise of the creative class： and how it's transforming work，leisure，community and everyday life	0.10	64
Jane Jacbos	1961	The death and life of great American cities	0.18	62
Sharon Zukin	1995	The cultures of cities	0.14	44
Neil Smith	2002	New globalism，new urbanism：gentrification as global urban strategy	0.33	39

资料来源：作者自绘。

基于对大量英文文献的研究，可以概括出西方国家对城市更新及城市更新决策研究的脉络和不同发展阶段的研究热点。

①贫民窟清理与大规模推倒重建的城市更新

城市更新领域的早期文献从20世纪40年代到60年代开始逐渐产生。这一时期，英美国家对城市更新的主要手段是对城市片区采取整体大规模推倒重建的模式。在这一背景下，当时的学术研究多集中于两个层面，其一是对当时最为热门的贫民窟清理问题的探讨；其二是基于当时的认知对城市更新实践进行经验总结与反思。大规模地推倒重建贫民窟，并没有将搬迁者的心理健康成本以及原有社区破坏产生的其他社会成本加以考虑，仅仅注重物质层面的更新，这种模式给城市带来了诸多社会问题[46]。Lashly 以 "Berman v. Parker" 这一社区为例，认为在合乎法律的前提下政府对该社区的大量私有财产进行了剥夺，使贫民窟清理这一行为附上了人权剥夺和社会歧视的内涵[47]。Johnstone 认为城市更新是通过政府执行或援助之下的城市再开发、修复、保护与再利用，政府应该全权承担起防止城市萎缩（Urban Blight）的责任[48]。Anderson 则从城市更新的资金角度出发，进一步剖析当时城市更新带来的问题，提出应当废除不合理的城市更新政策[49]。

②城市更新的多样性与文化特性

对于 20 世纪中期大规模的推倒重建，实践逐渐证明其对社会的和谐与经济的增长并无明显的益处。因此，西方国家将城市更新的视角更多转向了"人"的活动与感受。最初提出该观点也具有最大影响力的是 Jacobs 的 *The death and life of great American cities*（美国大城市的生与死）。Jacobs 对现代城市规划和城市建设进行了猛烈的抨击，并提出了一些基于社会和经济考虑的城市规划思想，包括"城市功用的多样性"以及"基本功用的混合"[23]。Jacobs 的城市多样性思想，是后来城市更新研究领域的一大理论基础。从社会学角度对城市更新进行研究的还有 Wilson，他尖锐抨击了因现代城市中心的社会转型而失去多样性[50]。Hirsch 以 1940 至 1960 年的芝加哥为例，批评了当代的城市更新法律框架导致了社会多样性的丧失，使弱势种族被驱逐[51]。

城市是否能够拥有足够的活力，也与城市更新是否拥有足够的创造力息息相关。Florida 认为城市发展中起关键作用的是有创造力的阶层（Creative Class），并提出城市的创造力指标（Creative Index）[52]。同时，Peck 认为提高城市创造力的政策并不会颠覆原有城市政策的正统性，而是对原有政策的修正与扩展以推动城市文化多样与创新[53]。

城市文化对于城市而言，不仅仅是城市"名片"，更对城市更新和发展有重要作用。Zukin 提出文化是民族的标签和美学，同时也是强大的营销工具，它具有重塑城市空间的力量，也可能在城市的复兴过程中产生新的冲突[54]。因此，在城市更新之中如何结合城市文化，在促进城市发展的同时解决社会问题亦是重要的研究方向，而"巴塞罗那模式"便是一个很好的范例[55]。

③城市更新的理念与战略

西方的城市更新在吸取了 20 世纪 50—60 年代的大拆大建的教训，60—70 年代转向了国家福利主义色彩的更新方式，政府承担了城市更新的所有义务[56]。Hartman 指出，这种完全自上而下的政府行为脱离了市场的实际需求，不仅加大了政府负担，也未能从根本上解决贫困居民的问题。到了 80 年代，人们试图寻找新的城市更新理念与方法解决城市问题，实现真正的城市发展[57]。Peterson 提出有效的城市更新理念和政策既非彻底贯彻个人主义，也非盲目信仰未来的乌托邦幻景（Utopian Vision），而应以真正的实用主义（Pragmatist Tradition）为核心理念[58]。那个时候，城市更新回归市场，走向了市场开发导向的旧城再发展，其空间尺度也从原有的宗地和社区级别向区域尺度转变[59]。这一时期城市更新的主流思想，最具代表性的是 Harvey 提出的"城市企业主义（Urban Entrepreneurialism）"，Harvey 认为先前城市发展完全由政府主导的城市管理主义（Urban Managerialism）对于城市而言是低效率的，而最行之有效的治理方式就应当像经营企业一样来管理城市[60]。城市企业主义在理论上提出了城市高效发展的路径，许多学者也在此基础上，结合实践不断进行完善和延伸[61-64]。

随着新自由主义（Neoliberalism）在西方的兴起，这一理念随后也与城市企业主义一同进入了城市更新的领域之中。新自由主义推动经济的发展与重构，而经济的更新（Economic Regeneration）也是城市更新的主要驱动力[65]。Swyngedouw 等提出由于现代社会发展的全球化与自由化，使一种新的城市更新形式得以产生，即新自由主义城市化（Neoliberal Urbanization）[66]。Hackworth 在新自由主义的基础上又提出了"新自由主义城市（Neoliberal City）"理念，以美国数个城市为例，认为新自由主义将是城市未来更新与发展的趋势，这一过程应扩大政府的权力，奉行政府干预政策，强调政府对市场的调节，并实行有效的社会福利，而非彻底市场化的企业经营[67]。但是在新自由主义城市化（Neoliberal Urbanism）与全球化（Globalization）的共同作用下，许多奉行新自由主义政策的国家并没能成为合格的市场规范者，而是成为资本的代理商，使城市更新里渗透了资本扩张的基因，新自由主义城市政策取代了原先的自由主义（Liberalism）理念，这也是城市绅士化（Gentrification）进程加快的原因[68]。

④人本主义与可持续发展

20 世纪 90 年代以后，"人本主义"思想逐渐深入城市更新。城市更新从注重狭隘的技术与程序化的空间规划发展为注重多领域沟通与协作的整体更新[69]。但利益方的广泛参与和政府的积极授权并非行之有效的城市更新合作方式，不能有效处理好参与方之间的关系，城市更新将偏离目标[70]。可以认为，构成现代城市更新的参与方之间互有影响，足以构成一个复杂的网络（Complex Network），这一网络拥有多样性（Multiformity）、封闭性（Closedness）和相互影响（Interdependence）的特征[71]。基于复杂网络的特征，阿姆斯特丹自由大学的 Klijn, Koppenjan 和 Kickert 等人建立了网络治理（Network Governance）的概念与工具，囊括了战略、管理与行为维度，以解决复杂网络的问题[72-73]。如今，网络治理作为处理城市更新复杂网络的一种管理模式，已被运用到了城市更新决策的实践之中，并成为一大研究领域[74-75]。

随着"人本主义"的盛行，城市更新理念的也朝着"可持续（Sustainability）"的方向发展[76]。可持续发展是一个复杂的概念，直到现在，在学界对其也没有一个公认的定义，但其强调经济、社会与环境平衡发展的概念已成为共识[77-81]。综合经济、社会、环境三个维度，Hemphill 等从经济与就业、资源利用、建筑与土地使用、交通运输、社区利益五个方面建立指标体系评价城市更新的可持续性[82]。Ng 建立了生活质量指标（Quality of Life Indicators），依据居民的生活品质判断城市更新的可持续性[83]。

2.2.2　中文文献综述

（1）相关中文文献概况

作者在大量阅读城市更新相关著作的基础上，对中文期刊论文的检索主要基于 CNKI 数据库，以"城市更新""旧城更新""旧城改造""都市更新"等城市更新相关词语为主题词进行搜索，共筛选出 201 篇中文期刊论文，进行仔细分析。从中文期刊文章的发表趋势上可以看出，国内对于城市更新的研究起步较晚，直到 20 世纪 90 年代中期才逐渐有了较多的学者予以关注。与国外趋势类似，到了 2004 年以后，我国城市更新与城市更新决策的研究热度大大提升，但论文的数量仍远远不及英文文献。中文期刊年论文发表量如图 2.3 所示。

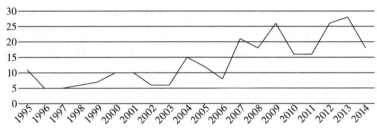

图 2.3　中文期刊年论文发表量

资料来源：作者自绘。

从 20 世纪 90 年代以来，随着我国城市更新领域的研究热度大大提升，研究脉络也逐渐明确，许多学者从不同学科和不同层面对城市更新进行研究，主要集中在几个研究分类：国外城市更新经验借鉴、国内城市更新的经验总结、城市更新决策、历史文化、城市规划设计，以及少量的投融资和地理经济方面的研究。

（2）研究脉络与热点

①国外城市更新经验借鉴

国外城市更新经验借鉴主要指的是对国外城市更新理念、方法、政策总结及其启示相关研究。在众多国家中，以英国为代表的西欧国家以及美国是研究的热点。阳建强分析和探究了西方现代城市更新运动的思想渊源和实施机制，总结发现西方现代城市更新运动的发展是一个由以大规模拆除重建为主、目标单一、内容狭窄的城市更新和贫民窟清理，转向以谨慎渐进式改建为主、目标广泛、内容丰富的社区邻里更新的发展过程[33]。李艳玲则以美国为研究对象，分析其城市更新各阶段特点[84]。随着城市发展，城市更新的核心内容也不断发展，叶南客和李芸通过研究国外城市更新历史和经验，认为城市更新是城市生态管理的新形式、新内容[36]。在分析国外城市更新经验的同时，程大林和张京祥基于中国的城市发展，探究其对国内城市更新发展的指导意义[85]。董奇和戴晓玲则对英国"文化引导"型城市更新的案例进行研究[86]。新马克思主义视角下的城市更新成为近年来国内研究的热点之一，李和平和惠小朋以英国城市更新历程为研究对象，以新马克思主义的视角，分析了半个多世纪以来英国城市更新历程中资本循环积累的轨迹[87]。

②国内城市更新的经验总结

对国内城市更新的经验总结与研究从 2000 年前后开始慢慢出现，主要针对国内城市更新理念、方法、规划、政策总结及其经验进行相关研究。耿宏兵分析了 20 世纪 90 年代以来我国城市更新的特点：城市更新动力机制呈现多元化趋势，同时也暴露了诸如改建方式单一、规划失控、与新区开发缺乏有机结合等新矛盾[88]。朱荣远以 20 世纪深圳罗湖旧城区的城市更新为例，在深刻分析旧城改造过程的基础上，阐述了政府机构、开发商、社会公众和城市规划师在旧城更新过程中所扮演的不同角色[89]。天津市的城市更新，坚持以科学发展观为指导，规划先行，新区开发与老城改造并举，开发与保护并重，注重改善低收入群众住房问题，取得了一定的更新效果[90]。

③城市更新决策

对城市更新的决策研究，是我国城市更新研究中最为热门与成果最多的领域。在我国城市更新问题及模式方面，阳建强和吴明伟提出了我国城市更新应注重规划，并选择合适的模式[91]。陈劲松阐述了中国城市更新、重建的市场模式[92]。严华鸣以上海新天地为例，利用增长联盟与城市政体等理论工具探讨了我国实施"公私合营"的城市更新模式的利弊[93]。万勇提出建立"科学规划、协调发展"的旧城更新调谐机制[94]。

在城市更新决策机制的研究方面，主流观点是政府在城市更新中的发挥着不可替代的作用。大部分学者是从政府公共管理职能角度看待城市更新管理制度问题[95]。从宏观管理角度，有学者认为传统的决策体制是城市更新中政府干预失灵的根源[96]。黄文炜和魏清泉则针对政府部门、非政府组织在城市更新中的行为措施进行分析，以挖掘制度问题[97]。在城市更新决策的研究中，张更立认为城市更新的成功有赖于建立一个包容、开放的决策机制框架，一个多方参与、凝聚共识的决策过程，一个协调的、合作的实施机制[98]。姜杰等认为城市更新中必须推动第三方评估制度，促使城市政府完成自身的职能重新定位[99]。王桢桢在研究中表示期望通过利益共同体模式来解决城市更新过程中的制度管理困境[100]。少数学者对城市更新的决策做了深入探讨，顾哲和侯青提出城市更新决策过程应注重多元利益集团的利益表达和声张[101]。

④历史文化

城市更新中历史文化的研究主要指的是更新中的历史文化保护。吴良镛与方可均对现行的大规模改造方式进行了批判与反思，阐述了北京旧城改造中应在保护文化的基础上进行"有机更新"[102]。范文兵针对上海里弄改造的重重矛盾，提出应在保存和发扬其历史文化的基础上进行更新[103]。边宝莲认为城市更新中采取保护与发展并举理念才能延续历史文脉，使城市具有生命力[104]。李映涛和马志韬以成都宽窄巷子为例，探究历史原真性保护与城市更新中历史地段开发的价值和运用的关系[105]。洪祎丹和华晨以杭州"运河天地"历史街区为例，研究其更新发展模式，针对不同文化类型导向的更新策略进行时效性分析[106]。

从本节的综述可以发现，我国对城市更新的研究虽然涉及了诸多领域，但对可持续城市更新这一国外研究的热门鲜有涉及，更少有对如何实现可持续城市更新的深入研究。

2.3 建筑使用寿命与建筑拆除相关研究综述

2.3.1 关于建筑使用寿命的相关研究

当前国内外众多学者对建筑使用寿命的现状从不同角度进行了研究，可以分为两类：一是建筑的平均寿命。日本学者小松幸夫和我国台湾省学者张又升分别通过对区域内上万栋已拆除建筑的抽样调查研究及寿命表分析，得到两地区较为确切的建筑的寿命均在 30 ~ 40 年[107-108]。O'Connor 对北美主要城市的 227 栋拆除建筑调查发现被拆除建筑的实际使用寿命大大低于其设计使用年限[109]。欧阳建涛分别用统计分析、威布尔模型、住宅寿命表和生存分析方法探讨了长沙市和湘潭市住宅建筑的平均使用寿命均小于设计使用年限[110]。胡明玉等和沈金箴从标志性单体建筑着手，分析建筑的平均拆除寿命，得出我国建筑存在"短命"现象[13,41]。二是建筑的剩余寿命。赵尚传以结构的极限疲劳循环次数作为随机变量提出了在役结构疲劳剩余寿命的预测方法[111]。索清辉将工程结构寿命作为一个随机变量，分析了结构可靠度、结构使用寿命和设计基准期三者的关系，同时建立了结构寿命的数学模型[112]。欧阳建涛运用静态和动态方法分别对既有住宅建筑的剩余使用寿命进行了分析[110]。周勇通过建立基于威布尔分布的既有住宅寿命测算模型，测算出了神木县县城内各类住宅的平均剩余寿命[113]。

2.3.2 建筑被拆除的影响因素研究

目前，已有部分研究对城市更新中建筑遭到拆除的原因进行了探究。既有建筑拆除的原因往往不是基于单一的某种因素，其原因往往是复杂和多元化的[114]。根据日本学者的调查研究，日本建筑被过早拆除的主要原因中，建筑过于老化而无法继续使用这一因素的占比为47%，有7%是因为建筑设施的使用条件无法满足当下需求。另外，经济与社会原因也是造成建筑被过早拆除的重要原因[115]。总体而言，影响建筑使用寿命的因素主要可以分为决定建筑新旧程度、使用功能的内部因素和衡量建筑经济价值、环境影响的外部因素。

（1）内部因素

建筑的楼层数等物理结构是评判建筑是否具有更新潜力的标准[116]，并且研究显示建筑的年龄与拆除之间有正相关关系[117]。Shen指出既有建筑因开发前期的建筑设计缺陷，施工管理水平低下和偷工减料等问题导致工程质量不符合建筑标准和规范，是中国建筑使用寿命较短的主要原因[118]。建筑设计施工质量控制不严、材料品质不够是国内学者普遍认为影响建筑拆除的内部因素[119-120]。Ho等从建筑使用阶段出发，认为建筑投入使用之后，不合格的消防安全环境，建筑材料老化，设施管理不善，以及糟糕的健康与卫生条件等也会致使其不符合要求而被迫改造或拆除[121]。

（2）外部因素

文献研究表明，外部因素是影响既有建筑被拆除的最重要因素。Braid，Brueckner和Wheaton指出人口的变化是导致建筑改造重建的直接驱动力[122-124]。而Rosenthal，Clapp和Dye认为，经济效益是影响建筑拆除与否的最主要的外部因素[117,125-126]。Weber和Hufbauer对经济效益进行深入分析，表明在城市中的人为了能拥有栖身之所，不得不争夺有限的住房资源，从而推动了业主和开发商为了取得更大的收益，将较小面积的住房重建为较大面积的新建筑[127-128]。一些政治经济学家也通过广泛的调查研究证实了价值差别与建筑拆除有重要关系。Harvey和Smith指出，当既有建筑所处土地的价值存在提升潜力时，将产生的"空间修补（Spatial Fix）"需求，而这需求会促使既有建筑的拆除[60,129]。Rosenthal和Helsley采用加拿大温哥华的独栋房屋的销售数据，证实了当进行建筑修复的花费与购置土地的成本（包含拆除成本）达到持平的临界点时，建筑拆除将成为必然选择[117]。从能源节约与环境保护的需求角度，Power 表示对不符合标准的建筑拆除重建是满足需求最快速和便捷的方式[15]。另外，政府规划的短视、没有完善法律政策保证等是国内学者认为的主要外部原因[120,130−131]。

2.3.3 关于建筑拆除决策的研究

对于建筑拆除决策，国内外学者主要从两方面进行了研究。一方面，针对建筑拆除过程的复杂性与危险性，大量的学者对拆除技术，尤其是爆破技术以及拆除现场的安全管理做了深入探讨，并取得了大量的研究成果。另外一些学者针对建筑使用寿命过短的问题，就加强建筑拆除前期管理以延长建筑使用寿命这一方面进行了研究。就研究整体而言，大量的文章集中于建筑拆除过程管理，而对于建筑拆除的前期决策及管理进行的研究较少。

（1）拆除过程管理

建筑物拆除过程是一个复杂的动力学过程，独特性强，面对不同类型的建筑物，拆除技术千差万别。同时，拆除过程难度性大、危险性大，为了保证实际拆除活动的顺利开展，国内外众多科研学者对拆除技术以及拆除现场的安全管理进行了深入探究。在拆除爆破方面，日本的小林茂雄作为第一个采用 DDA 法研究建筑物拆除倒塌的学者，在充分研究了钢结构爆破解体后，认为钢结构倒塌是弹塑性领域的动态大变形现象[132]。Stangnberg 通过对烟囱倒塌过程有关数据的分析、整理、建立了钢筋混凝土烟囱拆除爆破计算机模型[133]。同济大学李承在国内首次将离散单元法应用到框架结构爆破拆除倒塌模拟中，提出了基于多刚体弹簧理论的离散元分析模型，并编制了相应的分析软件[134]。余德运通过对某核心筒—框架结构的倒塌过程和支撑区立柱的破坏过程进行分析，得出共节点分离式模型能充分体现结构倒塌过程中钢筋和混凝土各自的受力状态与强度差异[135]。在拆除爆破方法之外，石成强调拆除施工过程中要加强对数据的检测对比，确保拆除施工的顺利进行[136]。为提升拆除爆破过程中的安全管理，周强将人工神经网络引入爆破安全评价中，提出了城市拆除爆破安全评价模型[137]。

（2）建筑拆除的前期管理

为了解决建筑使用寿命过短的问题，建筑拆除前期管理的研究逐步引起国内外学者的重视。研究成果可以分为四类：

①建筑拆除决策与管理机制

Loew 分析了各利益主体和设计控制机制在实现决策和保护历史建筑中的作用[138]。Langston 等通过对经济、环境及社会因素与建筑适应性再利用的关联度分析，建立了既有建筑的适应性再利用潜力评价模型[116]。国内学者沈金箴、刘美丁等提出可以通过健全建筑拆除的法定程序，建立一套建筑使用寿命评价体系来解决我国建筑使用寿命过短问题[41,139]。在实践方面，美国国会通过了税收改革法案，英国等欧洲国家通过建立登录计划和地标制度（Listing Scheduling Land Marking），加大了对既存建筑保护的力度，进一步阻止了随意拆毁的行为[140]。亚洲的新加坡就城市建筑拆除决策设立了专门的机构，建立了较为完善的决策流程和评价指标体系，对其他国家和地区具有很好的借鉴价值。我国的香港地区，也成立了专门的城市更新局对城市建筑的更新进行分类管理，有效地避免了建筑的随意拆除。

②树立建筑全寿命周期评价的理念

Itard 和 Klunder 用全寿命周期评价的方法比较既有建筑更新和拆除重建对环境的不同影响[81]。陈宁提出应推广使用全寿命周期建筑设计技术，完善建筑评价体系，把建筑使用寿命和建筑使用寿命周期成本效益作为建筑评价的重要指标[141]。陈健针对我国建筑使用寿命过短现象，以可持续发展观为框架，构建了能源、生态、环境、社会、技术策略来延长建筑使用寿命[42]。

③保障建筑工程质量，建设高品质建筑

黄如宝提出应由建筑设计单位确认建筑的合理使用寿命，并明确设计、施工单位对建筑工程质量所承担的责任[142]；宋春华和刘美霞认为解决建筑短命问题的当务之急是提高住宅的建筑品质[115,143]。沈建桥则从更加微观的角度分析了生活中影响混凝土建筑短命的祸源，并从混凝土的抗渗性、抗冻性、化学侵蚀和碱骨料反应等方面提出改善措施、延长建筑物的耐久性[144]。

④加强旧建筑的修缮维护和功能转换

Powell 回顾了世界范围内旧建筑保护的实际案例，认为更新和再利用旧建筑是重振新社区环境和延长建筑使用寿命的一种普遍实践[145]。Brandt 和 Rasmussen 建立了"TOBUS 方法"，针对建筑老化功能、必要作业以及修复成本等要素纳入考虑，对办公建筑的具体修复方案提出建议[146]。Juan 等也开发了一个综合的决策支持系统，通过分析办公建筑的状况，平衡修复成本、建筑品质提高以及环境影响等要素，提出具体的修复策略[147]。王廷信指出城市化进程的过程中不能一味地追求"新"，否则最终会导致"千城一面"的结果，要求新的过程中也要尽量维护旧有的建筑来增加城市的文化底蕴[148]。胡明玉等提出延长我国的建筑使用寿命应强化建筑物的维护、加固和病害处理，通过功能转换对旧建筑进行再利用[13]。

2.4 治理理论与选择

2.4.1 治理理论

治理理论产生于 20 世纪 80 年代末 90 年代初，核心是权力多中心化，由此引发主体多元化、结构网络化、过程互动化和方式协调化的诉求。其作为一种制度模式被用于国际、国家、城市、社区等各个层次的各种需要进行多种力量协调平衡的问题之中。治理（Governance）是相对于统治（Government）一词提出来的概念，同时也区别于管理（Management）。关于治理的概念界定有多种不同的定义，在各种定义中，联合国全球治理委员会于 1995 年发表的《我们的全球伙伴关系》的研究报告中对治理的定义具有很大的代表性和权威性：治理是各种公共的或私人的个人和机构管理其共同事务的诸多方式的总和，它是使相互冲突的或不同的利益得以调和并且采取联合行动的持续过程，它既包括有权迫使人们服从的正式制度和规则，也包括各种人们同意或以符合其利益的非正式的制度安排。世界银行在《治理与发展》一书中将治理定义为通过建立一套被接受为合法权威的规则而对公共事务公正透明的管理，偏重规范和管理。同时，世界银行将治理分为高、中、低三个音域，其中高音是在治理的背景下，公共行政部门的现代化，中音为"善治"在政治、经济及行政层面的正常状态，低音是参与、人权和民主化。欧洲联盟在 2001 年发表的《欧洲治理白皮书》中对治理的定义是影响到欧洲的权力的行使，特别是从开放、参与、责任、效率与和谐的观点出发的程序和行为。

此外，学术界也针对作为理论的治理提出了多种概念界定[149]。治理理论的主要创始人之一 Rosenau 将治理定义为一系列活动领域里的管理机制，它们虽未得到正式授权，却能有效发挥作用。Rhodes 认为治理意味着政府统治的变化，是一种新的管理过程和新的管理社会的方式，并列举了六种关于治理的不同定义：第一，作为最小国家的管理活动的治理，它指的是国家削减公共开支，以最小的成本取得最大的效益。第二，作为公司管理的治理，它指的是指导、控制和监督企业运行的组织体制。第三，作为新公共管理的治理，它指的是将市场的激励机制和私人部门的管理手段引入政府的公共服务。第四，作为善治的治理，它指的是强调效率、法治、责任的公共服务体系。第五，作为社会控制体系的治理，它指的是政府与民间、公共部门与私人部门之间的合作与互动。第六，作为自组织网络的治理，它指的是建立在信任与互利基础上的社会协调网络[150]。

2.4.2　城市治理理论

早在 1942 年，Jones 出版了 *Metropolitan Government* 一书，探讨大都市区政府管理模型，随着 20 世纪 90 年代治理理论的兴起，城市治理逐步取代了城市管理成为一种引导城市发展的思维。联合国人居署（UN – HABITAT）在"良好的城市治理全球运动"中，界定"城市治理"的定义来源于联合国全球治理委员会的工作（1995 年）并作了适当的修改，使之适用于城市一级。为了在全球范围内推广其"良好的城市治理"之理念，联合国人居署制定了良好的城市治理之标准[149]：一是城市发展的各个方面的可持续性（sustainability），城市必须平衡兼顾当代人和后辈人的社会、经济和环境需要。领导者必须在可持续的人的发展方面有长远的战略眼光并有能力为共同的福利而调和各种不同利益。二是下放权力和资源（subsidiarity），应根据附属性原则分配服务提供的责任，亦即在最低的适宜级别上按照有效率和具有成本效益地提供服务的原则分担责任。三是公平参与决策过程（equity），分享权力的结果是公平地使用资源。四是提供公共服务和促进当地经济发展的效率（efficiency），城市必须有健全的财政制度，以具有成本效益的方式管理收入来源和支出，管理和提供服务，并根据相对优势使政府、私人部门和社会各界都能正式或非正式地对城市经济作出贡献。五是决策者和所有利益相关者的透明度和责任制（transparency and accountability），透明度和责任制是使利益攸关者得以深入了解本地施政状况和评估哪些社会阶层从所做决定和行动中得到惠益的必要条件，法律和公共政策的实施应做到透明而具有可预测性，城市政府官员应始终保持专业能力和个人品德的高标准。六是市民参与和市民作用（civic engagement and citizenship），市民必须积极参与谋取共同的福利，必须得到权力来有效参与决策过程。

治理的核心是权力再分配和向非公共机构让渡，不同国家、同一国家的不同城市，由于存在差异化的价值观、规则，带来不同的城市治理模式，即地方政府在经济发展中的角色（如中西方地方政府的权力不同）、分配形式以及地方政府与市民社会的关系。最常见的城市治理模式主要分为以下三类[151]：

（1）皮埃尔的四种城市治理模式

管理模式（managerial）：强调专业参与而非政治精英的渗入，"让管理者管理"是其口号，主要参与者是组织生产和分配公共服务的管理者，例如将公共服务承包给营利组织，建立内部市场进行竞争等。

社团模式（corporatist）：直接参与的是各利益集团的高层领导，间接参与的是利益集团的基层。其主要目标是分配环节，确保以集团成员的利益塑造城市的服务和政策。

支持增长模式（pro-growth）：主要参与者是商业精英与当选的地方官员，在推动地方经济问题上利益共享。目标是实现长期和可持续的经济发展。此模式是最常见的治理模式，随着近几十年来区域经济增长模式的转变以及城市国际化趋势的兴起，城市经济的增长越来越依赖于技术的引进与投资的增加，因此该模式的参与者将城市作为吸引技术与投资的工具，在此过程中，二者紧密合作，共享经济增长的成果。模式的弊端在于其参与者的狭隘性，一般大众很难调动最广泛的群体尤其是市民参与城市治理的积极性，公众分享程度低，而且极有可能造成他们与既得利益者的冲突。

福利模式（welfare）：城市政府通过国家预算资金的划拨维持地方的福利水平、复兴地方经济，因此地方政府与较高层政府的关系显得尤为重要。该模式主要应用于福利国家，因为这些国家有较为发达的经济基础作为保障，对于发展中国家而言，其适应性是相当低。

（2）新合作主义治理模式

20世纪90年代以来，城市政府面对着一种分权和政府形式变得更加多样化的趋势，伙伴制正越来越多地被欧洲城市政府用来作为解决其所面临问题的治理模式。该模式主张适度干预，主张政府与市民重新建立相互信任的合作机制，城市治理采取多中心治理体系；主张大力发展社区建设和社区教育，发挥社区的基础作用；主张既利用市场竞争机制，又重视公共利益；主张实行积极的劳动福利制度，而不是缩减社会福利。在这种模式下，城市政府与私人企业间存在着合作伙伴的关系；非营利组织或第三部门在城市发展中发挥越来越大的作用。

（3）新公共管理模式

自20世纪最后25年以来，伴随着全球化、信息化、市场化以及知识经济时代的来临，"新公共管理"在美国城市治理中获得了广泛的应用，它是一个多纬度的非常宽泛的概念，其中包括"企业化政府"理论。奥斯本和盖布勒在《改革政府》提出的"企业化政府"模式包含十大原则。一是起催化作用的政府：掌舵而不是划桨；二是社区拥有的政府：授权而不是服务；三是竞争性政府：把竞争机制注入提供服务中去；四是有使命的政府：改变照章办事的组织；五是讲究效果的政府：按效果而不是按投入拨款；六是受顾客驱使的政府：满足顾客的需要，而不是官僚政治需要；七是有事业心的政府：有收益而不浪费；八是有预见的政府：预防而不是治疗；九是分权的政府：从等级制到参与和协作；十是以市场为导向的政府：通过市场力量进行变革[153]。

2.4.3 新公共管理理论

新公共管理理论作为城市治理的重要理论基础之一，对城市治理有重要的现实意义和指导意义。新公共管理运动是新公共管理理论的基础，是20世纪70年代后在全球经济问题日益严重、西方国家财政危机不断加剧的背景下兴起的。新公共管理理论中，对政府、企业与公民角色进行了重新定位，即以生产者为中心的政府治理转向以消费者（公民）为中心的治理，其核心内容是改革政府管理的方式与职能，提高政府管理的绩效[152]。新公共管理主义的理论来源是公共选择理论、委托代理理论、交易成本理论和管理学理论等[154]。多元理论来源可归纳成两层含义，即管理主义和新制度经济学[155]。管理主义指的是把私人部门的管理手段引入公共部门，强调直接的职业管理、明确的绩效标准和评估标准、根据结果进行管理，以及接近消费者。新制度经济学指的是把激励结构（例如市场竞争）引入公共服务中，强调削减官僚机构、通过承包和准市场的运作方式实现更有效的竞争以及消费者选择。

对新公共管理理论的内涵与特征，国内外学者作了不同的描述，经济合作组织将新公共管理的特征概括为七个要点[156]：一是公共部门实行专业化管理，即让管理者来管理；二是明确的绩效标准和绩效测量；三是对产出控制的格外重视，重视结果而非过程，根据所测量的绩效在各个领域分配资源；四是公共部门单位分散化，创建一个易于管理的组织，获得公共部门内外特许制度安排的效率优势；五是公共部门更趋竞争性，把竞争作为降低成本和提高标准的关键；六是对私营部门管理方式的重视；七是更强调资源利用的纪律性和节约性。

新公共管理理论作为一种尚处在发展中的理论框架，在目前实践应用中存在以下几个方面的缺陷[156]：一是经济人假设。该假设是新公共管理理论的逻辑起点，是其摒弃官僚主义，主张以市场取代官僚组织的理论基础，但该假设忽视了互信、互惠等公共伦理存的可能性。

二是市场神话主义。新公共管理理论极为推崇市场机制，主张市场作用最大化，政府角色最小化，忽视了市场自身的缺陷。首先，市场本身具有盲目性、滞后性等弱点，存在失灵的情况。其次，市场的基本价值是效率，但是效率并不是公共部门和社会唯一的价值追求，公共管理的价值取向是多元化的，用单纯的效率价值替代其他的价值，有悖于公民对政府的要求。再次，市场的适用性问题。将市场机制运用到行政组织和管理当中，要注意公共产品的性质和机制，否则很容易造成失败。最后，市场崇拜忽视了政府、社团、

第三部门等其他社会组织在公共服务上的特殊作用。由于公共物品的特性，在公共部门中引入竞争机制存在很大的限制，市场机制往往被扭曲或表现为无效。在这种情况下，寻租、特权与贪污等可能成为公共管理的普遍现象。

三是新公共管理理论忽视了私人部门与公共部门的基本差别。忽视公共部门与私人部门存在着的基本差别的倾向，将导致公共管理"公共性"的丧失。

四是顾客中心主义。新公共管理将公共服务接受者的公民看成顾客，主张为顾客提供回应性、及时性的服务。公民不仅是公共服务的接受者，而且是公共服务的合伙人、参与者和监督者，将公民定位成消费者，降低了公民作为与国家相对的权利和合法地位的拥有者的作用。顾客导向把政府与公民之间的复杂关系简化为单向度的政府与顾客的关系，政府为公民提供公共服务，公民享受公共服务。公民也是公共服务提供的参与者、决策者，其行为对公共服务的数量、质量、公平性都具有影响力。

2.4.4　利益相关者理论

针对新公共管理理论存在的缺陷，同时应用利益相关者理论作为另一种治理理论，能较好地弥补上述不足。利益相关者理论最初是有关公司治理结构的理论，近年来不断发展，已经涉入宏观经济领域，并发展成为一种政治思想[157]。1963 年，斯坦福研究院第一次提出了利益相关者（stakeholders）的概念。1984 年，弗里曼出版了《战略管理：利益相关者方法》一书，明确提出了利益相关者管理理论。利益相关者管理理论是指企业的经营管理者为综合平衡各个利益相关者的利益要求而进行的管理活动。与股东中心理论相比，该理论认为任何一个公司的发展都离不开各利益相关者的投入或参与，企业追求的是利益相关者的整体利益，而不仅仅是某些主体的利益。目前学术界对利益相关者的定义有几十种，按从利益相关者影响到利益相关者参与的过程可以划分为三种观点[158]：一是最广泛的定义，也是弗里曼在 1984 年提出的观点，即利益相关者是能够影响一个组织目标的实现，或者受到一个组织实现其目标过程影响的人，包括股东、债权人、雇员、供应商、顾客、政府部门、相关的社会组织和社会团体、社区、公众、环境、媒体等；二是较窄的定义，即凡是与企业有直接关系的人或团体就是企业的利益相关者，该定义排除了政府、社会组织、社会成员等与企业没有直接关系的利益相关者；三是最窄的定义，同时也是克拉克森于 1994 年提出的观点，认为为企业投入了专用性资产的人或团体就是企业的利益相关者。其中，弗里曼和克拉克森的表述最具代表性。

　　对利益相关者进行科学的分类是科学管理和决策的基础，现有研究中按照时序对利益相关者的分类主要集中在多维细分法和 Michell 评分法[159]，多维细分法包括 Freeman，Frederick，Charkham，Clarkson 和 Wheeler 等人的分类结果[158]。Freeman 从所有权、经济依赖性和社会利益三个不同的角度对企业利益相关者进行分类，所有持有公司股票者是对企业拥有所有权的利益相关者，对企业有经济依赖性的利益相关者包括经理人员、债权人、雇员、消费者、供应商、竞争者、地方社区等，而政府领导人、媒体等则与公司在社会利益上有关系[160]。Frederick 将利益相关者分为直接和间接利益相关者，其中直接利益相关者是与企业直接发生市场交易关系的利益相关者，包括股东、企业员工、债权人、供应商等，间接利益相关者则是与企业发生非市场关系的利益相关者，包括中央政府、地方政府、社会活动团体、媒体、一般公众等[161]。Charkham 按照相关群体与企业是否存在交易性的合同关系，将利益相关者分为契约型利益相关者和公众型利益相关者[162]。Clarkson 根据相关群体在企业经营活动中承担的风险的种类，将利益相关者分为自愿的和非自愿的，区分的标准是主体是否自愿向企业提供物质资本和非物质资本投资，同时还可以根据相关群体与企业的紧密性，分为首要的和次要的利益相关者[163]。Wheeler 将社会性维度引入分类标准，将利益相关者分为首要的社会性利益相关者，他们与企业有直接关系，并且有人的参加；次要的社会性利益相关者，他们通过社会性的活动与企业形成间接联系；首要的非社会性利益相关者，他们与企业有直接影响，但不与具体的人发生联系；次要的非社会性利益相关者，他们对企业有间接影响，也不包括与人的联系[164]。Michell 根据合法性（某一群体是否被赋有法律上的、道义上的或者特定的对于企业的索取权）、权力性（某一群体是否拥有影响企业决策的地位、能力和相应的手段）、紧急性（某一群体的要求能否立即引起企业管理层的关注）进行利益相关者分类，若这三大属性均拥有则是确定型利益相关者，若只拥有两项则是关键、从属和危险利益相关者，若只拥有一种，则是蛰伏或有何要求利益相关者[165]。

　　利益相关者理论的应用，不仅在道德上优于股东至上理论，且对市场的吸引力也更高，其在城市治理中具有以下几个方面的明显优势[166]：一是利益相关者参与治理，使得在作决策时候可以充分考虑利益相关者的利益，反过来又刺激利益相关者对决策整体利益的关注，减少了机会主义行为和激励监督成本。同时，利益相关者模式使各利益主体之间签订了一份隐性"保险契约"，形成稳定的合作关系，从而大幅减少了交易成本。二是遵循利益相关者治理理论可以使相关决策更加关注对长期目标的追求，有效防止短视决策的问题。三是在利益相关者合作模式下，利益相关者的利益得到有效的维护，贫富差距受到有力的控制，社会经济公平更为显著。吴光芸对利益相关者合作逻辑下的我国城市社区治理结构进行了研究，认为利益相关者的概念实际上指出了这样一个问题，即现实的管理活动都是在一定的系统或网络背景下进行的，单一主体的单个行动往往难以取得最优的绩效[167]。因此，在管理实践中要注重考察不同主体相互作用的方式与程度，以及它们对管理目标的影响。这实际上体现了共同治理的理念，即强调治理主体的多元性。共同治理的多元主体结构体系的内涵可以从三个方面去把握：第一，治理的主体是多元的；第二，主体之间是相对独立的，即相互之间不能完全替代；第三，这一体系建立在各个主体合作的基础上，且由于每个主体力量的不对称性，相互关系表现为一种动态博弈的关系。而城市更新中的建筑拆除决策，也是一种利益相关者集体选择过程，是政府、居民、开发商、社会公众、非营利性团体等主体之间的互相博弈互动的过程。

利益相关者理论发展了多年，学术界对其争论较多，在众多学者推崇该理论的同时，也有很多学者对该理论提出了批判。其中美国经济学家、1976 年的诺贝尔经济学奖获得者，米尔顿·弗里德曼也是众多批判者中的一位。综合国内外学者对该理论的相关研究成果，陈宏辉认为利益相关者理论还不是一个完善的理论，并总结出了三个方面主要的研究缺陷：一是对利益相关者的界定与分类不清晰[168]。目前国内外关于利益相关者的定义有几十种，研究的角度涵盖了伦理学、社会学、经济学、管理学等，对"利益相关者"的理解并不相同，没有一个定义被学术界所公认。此外，现有利益相关者理论研究对企业利益相关者的分类模糊，许多学者从不同分类维度进行了分类，但多是基于主观入手，并试图将分类结果推行到所有的企业或决策类型中。二是利益相关者的利益难以平衡。利益相关者管理的原则，即明确一个企业或者城市治理领域遵循利益相关者理论进行管理或决策应具有的原则性要求尚未有系统的研究结果，而不同利益主体间存在相互竞争的关系，因此企业管理或者决策过程中如何确定利益相关者的满意程度和有效地平衡各利益主体之间的利益关系仍是该理论应用的难点。三是董事会的决策困境。在传统的企业理论中，董事及董事会必须效忠于所有者，而不是经理等其他的主体。但利益相关者理论认为董事及董事会应该代表所有利益主体的利益，所有的利益相关者团体有权任命和选举自己的代言人进入董事会，也就是说董事会中既有股东代表，又有雇员代表，还有消费者、供货商、社区代表甚至政府机构的代表等参与到影响自己利益的所有事务的决策过程中，因此利益相关者理论在公司治理中的应用势必会影响董事会进行有效决策。

2.5　本章小结

自 20 世纪以来，随着人类城市经济与社会的高度发展，城市更新及其相关问题逐渐成为城市研究领域的一大焦点，并逐步呈现出多学科交叉的特性。从西方国家城市更新的历史与演变来看，起初的城市更新模式以清除贫民窟为主，采用大规模拆除重建，目标单一、内容简单。目前发展为以谨慎渐进式改建模式为主，是目标更为广泛、内容更为丰富的社区邻里更新模式。我国真正意义上的大规模城市更新相比西方要晚了很多，对于城市更新过程中的相关问题研究与西方国家比较还处于较初级的阶段。通过广泛查阅已有文献，对城市更新、建筑使用寿命、建筑拆除决策的已有研究评述如下。

第一，城市更新已经成为国内外城市研究的热点，有大量的研究成果发表，但是我国现有的研究成果还没有能够科学指导城市更新的实践活动。

国外的城市更新经历了明显的不同阶段，从城市重建（Urban Reconstruction）、城市再复苏（Urban Revitalization）、城市再开发（Urban Redevelopment）、到城市再生（Urban Regeneration），这些专业词汇的变化，不仅仅反映了城市更新理念和模式的改变，也反映了不同时期研究成果对城市更新实践的巨大影响。其中，Jacbos、Harvey、Smith 等人的研究成果对于城市更新指导思想的演进起到了关键作用，也对西方国家城市更新的具体实践产生了直接和间接的深远影响。

我国的城市更新所面临的社会经济环境与西方国家显著不同，最为突出的是我国的城市更新与城市新区快速扩张同时展开，对于城市更新重要性的认识还不够充分，对城市更新的内在科学规律也缺乏足够的认识。在理论研究方面，现有的文献集中于国外城市更新经验的借鉴、国内城市更新经验的总结和城市更新的具体案例分析等方面。对于城市更新的基本理念、实施战略、机制系统设计等重大问题的研究明显不足。正是这些理论研究的不足，导致了我国现有城市更新实践缺乏明确和系统的指导思想，对城市更新过程中的决策、模式、方法的实施路径的选择都缺乏科学的支撑。

第二，建筑使用寿命过短的问题引起了全社会的广泛关注，但是国内的研究成果缺乏定量支撑和系统的解决方案。

系统的文献研究表明，国内外学者对建筑使用寿命的定义，以及建筑使用寿命的测度、影响建筑拆除的因素、延长建筑使用寿命做了一些基础性的研究，但已有研究也有明显的不足。主要表现在：一是对我国城市建筑的实际使用寿命缺乏基于大量实地调查的研究，现有结论说服力不足；二是对导致建筑过早拆除，使用寿命过短的因素缺乏系统识别，因素之间的相互作用与机理认识不足；三是对延长建筑使用寿命更多是从提高建筑质量、强化物业管理等技术手段方面予以研究，对机制建设的研究十分缺乏。

第三，国内关于建筑拆除决策的研究成果缺乏，不能有效支撑国内城市的可持续更新。

世界发达国家和地区在构建科学的建筑拆除决策机制框架，以杜绝城市更新中对既有建筑的随意拆除，特别是在保护城市旧建筑以及旧建筑的再利用改造方面有着较为丰富的理论成果。同时，在城市更新过程中，新加坡、英国、美国和中国香港地区等发达国家和地区的政府对建筑的拆除管理十分重视，设立了专门的机构，也建立了较为完善的建筑拆除决策机制。国内现有的文献对国外的研究成果以及其他国家和地区的建筑拆除决策实践介绍不够。

国内建筑拆除决策的研究，多集中于对拆除技术手段的研究，其中较为关注的技术焦点是建筑拆除的安全问题。对于城市更新过程中建筑拆除决策机制的研究，国内现有的研究成果十分缺乏。虽然也有一些学者从制度设计、政策构建等方面对建筑拆除决策提出了自己的观点和建议，但是只给出了一些方向性的意见，并没有构建具体的管理策略与方法。在我国的城市更新实践中，建筑拆除的管理问题越来越突出，十分需要具有实践指导价值的建筑拆除决策流程、方法和指标体系。

第四，作为城市更新与建筑拆除决策机制构建与优化的基础理论，城市治理理论选择应兼顾效率与公平。

城市更新是公共管理和城市治理的重要内容，也是世界各国城市治理与公共管理领域所面临的难题。因此，在城市更新及建筑拆除决策中，应采用治理理论与城市治理理论作为主要的理论基础。由于公共产品的特性，城市更新决策过程中应兼顾效率与公平。城市治理理论中的新公共管理理论遵从效率优先，利益相关者理论则突出决策的公平性。因此，在管理机制构建中，应同时采用治理理论、新公共管理理论和利益相关者理论作为理论依据。

3 建筑使用寿命与建筑被过早拆除的原因分析

基于大量样本数据，探析我国城市建筑使用寿命的真实现状，是建筑拆除决策机制构建和决策目标建立的基础。同时，定量分析我国建筑使用寿命的关键影响因素，明确我国城市建筑被过早拆除的原因，是建立建筑拆除决策评价指标体系的现实基础和依据。因此，本章选取我国城市更新中的典型城市作为样本区域，立足定量研究，对我国城市建筑使用寿命的现状及影响因素进行科学系统的分析。基于实地调研，获得大量城市更新中被拆除建筑的建设年代、结构类型、面积、楼层数、地理坐标等基本信息，采用描述性统计的方法，测算被拆除建筑的平均使用寿命，并深入分析建筑使用寿命的分布情况。在明确我国建筑使用寿命现状的基础上，采用 GIS 软件，挖掘出样本建筑的区位和邻里特征信息，并结合区域经济、政策等数据，采用改进的 Hedonic 模型，识别出我国建筑使用寿命的关键影响因素，并探讨各因素对城市既有建筑被过早拆除的作用程度和作用机理。

3.1 建筑使用寿命的调查研究

3.1.1 研究区域选择

本研究选取重庆市主城区核心区的江北区作为建筑使用寿命测定的研究区域。重庆市自从 1997 年直辖以来，经历了快速的经济发展与城市建设活动。因而相比中国的其他城市，重庆市在城市更新项目和建筑拆除数量方面更具代表性和典型性。重庆市从 2001 年开始在主城各区进行大范围的城市更新活动，截至 2007 年，全市共完成了危旧房改造 909.36 万平方米。2008 年，为进一步加快主城区旧城改造的步伐，重庆市政府印发了《关于加快主城区危旧房改造的实施意见》，要求三年内完成主城区 786 万平方米的危旧房拆迁。江北区辖区面积 221 平方公里，辖 9 个街、3 个镇，2008—2010 年的计划拆迁面积为 115 万平方米，占全市拆迁总量的 15%，是重庆市旧城改造的重点区域。本研究以江北区近几年的拆迁摸底资料为依据，对 2010 年被拆除的建筑（包括居住建筑、商业建筑、工业建筑和其他建筑）做全面调查，获取的信息包括被拆建筑的建成年代、拆除年份、建筑所处村段名、建筑地址、楼栋别名等。初始抽样获得的数据包括了 2 127 栋被拆除建筑的基本信息，剔除缺失重要变量值和建筑地址错误或无法通过地理信息系统进行定位的两类无效样本，最终获得有效样本数 1 732 栋（表3.1）。有效样本的总建筑面积为 84 万平方米，涉及石马河街道、大石坝街道、观音桥街道、华新街街道、五里店街道、寸滩街道和铁山坪街道 7 个街道（图3.1）。

表3.1 被拆除建筑的街道分布情况

街道/社区	建筑面积（平方米）	样本量	平均建筑使用寿命（年）
石马河	109 830.51	206	37
大石坝	249 510.50	250	36
观音桥	261 191.12	196	27
华新街	29 247.75	61	31
五里店	82 289.05	255	21
寸滩	25 406.00	197	42
铁山坪	82 351.64	567	38
合计	839 826.57	1 732	34

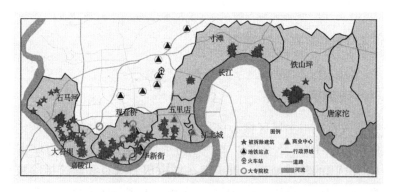

图3.1 重庆市江北区被拆除建筑样本分布

资料来源：作者自绘。

3.1.2 被拆除建筑的平均使用寿命

基于对 1 732 组有效样本数据的分析，得到被拆除建筑使用寿命的各描述性统计量和分布直方图（图3.2）。建筑使用寿命的平均值为 34.36、中位数为 34、众数为 59、标准差为 15.466、偏度为 0.196、峰度为 −0.995。综合考虑样本分布的各项特征值，被拆除建筑的寿命呈现右偏态分布。为避免样本离散程度较大和少数极大值与极小值的影响，本研究采用中位数代表统计样本中被拆除建筑的平均寿命，即 34 年。我国《民用建筑设计统一标准》（GB 50352—2019）中规定，重要建筑和高层建筑主体结构的设计使用年限为 100 年，一般性建筑为 50～100 年。对比重庆市城市更新背景中被拆除建筑的平均使用寿命 34 年可知，这些建筑的使用寿命大幅低于设计使用年限。由此，也论证了我国城市更新中，大量正处于"青壮年"时期的建筑被拆除，全国范围内建筑使用寿命过短的现象非常突出。

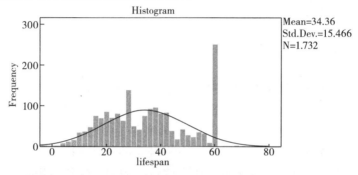

图 3.2　被拆除建筑的寿命分布直方图

3.1.3　被拆除建筑的建设年代分布特征

从表 3.2 可知，按建设年代对被拆除建筑进行分类，建于 20 世纪 70—80 年代的建筑在样本总量中所占的比例最大，占比达到 45.55%，而建于 70 年代以前或 80 年代以后的被拆除建筑占比均呈现下降的趋势。这主要与新中国成立以后的建筑业发展历程有关。20 世纪 70 年代末期，我国实行了改革开放政策，高速增长的经济带动了城镇居民对住宅、生产活动空间等大量基本需求的释放和建筑业的快速发展，我国开始大量建设各类建筑与基础设施。但是由于受经济发展水平不高、建筑技术水平不高以及思想观念落后的影响，片面地追求材料节约和建设速度，致使这段时间内建成的建筑物理性能普遍较差，存在施工质量差、不满足设计规范、设计不合理等问题，使之成为目前危旧房改造过程中的主要对象。而 20 世纪 90 年代以后建成的建筑，质量标准、使用功能、设备设施和居住区环境等方面的品质均有很大的提高，较好地满足了当今人们的居住和使用需求，因而 1990 年后建成的建筑被拆除的比例大幅降低。

表 3.2　被拆除建筑按建设年代分类

建设时间	频率	占比（%）	累计占比（%）
1940 年以前	1	0.06	0.06
1940—1949 年	254	14.67	14.72
1950—1959 年	127	7.33	22.06
1960—1969 年	262	15.13	37.18
1970—1979 年	353	20.38	57.56
1980—1989 年	436	25.17	82.74
1990—1999 年	261	15.07	97.81
2000 年以后	38	2.19	100.00

3.1.4　不同功能建筑的寿命分布特征

将样本建筑按使用功能分为居住建筑、商业建筑、办公建筑、工业建筑、其他建筑（学校、医院、礼堂、食堂等）可知，各类被拆除建筑的使用寿命差异较大（表 3.3）。与样本平均使用寿命最为接近的建筑类型是居住建筑，其平均使用寿命为 35 年。这是因为居住建筑的数量在样本中占比达 58.31%，超过了一半，具有资料显著性。所有建筑类型中，建筑使用寿命最短的是办公建筑，为 29 年；最长的是其他类型建筑，为 42 年；两类建筑的平均拆除年限相差 13 年。究其原因，主要与建筑所处的土地使用性质相关。在不更改城市土地利用规划的前提下，随着经济的高速发展和产业的快速升级，商业和办公用地需要被高效地更新利用，以此满足城市发展的需求，并获取更大的经济利益。而教育、医疗等其他类型用地能在较长一段时间内满足周边居民的基本需要，且升级改造的经济效益较差，故而该类土地上的公共建筑的更替较少，使用寿命相对较长。

表 3.3　不同功能的被拆除建筑的寿命分布

建筑功能	频率	占比（%）	寿命中值（年）
居住建筑	1 010	58.31	35
商业建筑	131	7.56	32
办公建筑	62	3.58	29
工业建筑	366	21.13	30
其他建筑	163	9.41	42

3.2　建筑被过早拆除的原因分析

3.2.1　建筑拆除影响因素识别理论基础

根据国内外学者的现有研究，城市更新背景下影响既有建筑拆除的因素可以分为决定建筑新旧程度、使用功能的内部因素和衡量建筑经济价值、环境影响的外部因素，如表 3.4 所示。建筑的物理状态是评判既有建筑是否具有更新潜力的标准[116]。因此，建筑特征的变量是城市更新中影响建筑拆除决策的因素，如施工质量、建筑结构和构件的老化。宋春华指出被过早拆除的建筑中，有相当部分是由于结构安全和其他质量问题所致[115]。建筑设计施工质量控制不严、材料品质不够是国内学者普遍认为影响建筑过早拆除的内部因素[119-120]。施工监管的缺失和偷工减料造成的既有建筑的差质量，包括建筑设计的不足、差的施工质量、不符合建筑建设标准和规范，被认为是导致我国建筑使用寿命过短的主要内在因素[118]。此外，建筑的楼层数和总楼面面积体现了土地利用的效率[169]。将低密度建筑所处的土地进行置换，代之以更高密度的建筑，使土地得以更高效的利用，是一种常见的"空间价值修复"模式，因此，低容积率的既有建筑更容易被拆除[127,170]。

表 3.4　现有研究中的影响建筑拆除的关键因素

分类	分项	因素
内部因素	建筑特征	建筑质量（如建筑结构）
		建筑楼层数
		建筑面积
外部因素	区位特征	建筑到 CBD 的距离
		公共交通的便利性
	邻里特征	人口密度变化情况
		建筑到令人厌烦设施的距离（如公屋/公租房、高速公路）
		建筑到令人愉悦设施的距离（公园、湖泊、大学校园）
	经济因素	土地价值
	文化因素	建筑到历史建筑/景观的距离
		建筑到历史街区的距离
	政治因素	城市发展政策/规划
		政治管辖权

资料来源：作者整理。

除了建筑的老化或是建筑物理条件差的原因外，业主或者开发商的主观意愿也是导致既有建筑拆除的重要原因[171]。外部因素是影响建筑拆除决策最重要的因素，也是影响既有建筑使用寿命的决定因素[172]。加拿大学者 O'Connor 对北美某大城市 227 栋拆除建筑进行调查研究，结果表明建筑的结构类型不是影响建筑拆除寿命的主要因素[173]。Braid、Brueckner 和 Wheaton 的研究显示，城市人口密度的变化和居民住房偏好的变化是导致建筑拆除的直接驱动力[122-124]。当一个城市需要为更多的人提供住房，土地地租随之上涨，既有建筑的业主或开发商为获得更多的利益，会将面积较小的既有建筑拆除重建，代之以更大面积的新建筑[128]。Harvey[170] 和 Smith[129] 则认为级差地租是导致既有建筑拆除的主要原因。经济学家们的相关研究普遍证实了价值差异会带来更新行为。基于对温哥华独栋住宅的销售数据的分析，Rosenthal 和 Helsley 论证了该项假设，即当需要进行更新的既有建筑的售价与既有建筑的拆除费用之和与用于再开发的空置土地的地价相等时，旧建筑就会被拆除[117]。Ravetz 指出，在社区范围内，业主对既有建筑进行再投资，多数取决于其对既有建筑价值和质量的感知[174]。我国学者沈金箴通过对 50 余栋国内知名的"短命建筑"调查研究，发现造成国内建筑使用寿命过短的主要原因在于建筑物自身之外，即其经济区位与城市社会发展方面的因素[41]。陈健[42]、路忽玲[175] 和王瑞等[176] 则从定性的角度，认为影响建筑使用寿命的因素包括建筑质量、功能等自身因素和规划、经济、法律及社会等建筑外部因素。另外，政府规划的短视、没有完善法律政策保证等是国内学者认为的主要外部原因[120,130-131]。

3.2.2 改进的 Hedonic 模型

开发商在很大程度上都会选择破旧的、面积小的既有建筑进行更新，将其拆除并按当地建筑规范和区域法规标准的极限值进行重建，以期获得当前许可的最大土地利用效率。那些维护良好、售价较高的建筑，相比同一区域内由于较差的物理条件导致相对较低销售价格的建筑，被拆除的可能性较小。因此，影响建筑销售价格的因素也决定了建筑被拆除的可能性。由于既有建筑的使用寿命取决于其被拆除的可能性，因而影响既有建筑销售价格的因素也是影响建筑使用寿命的因素。在建筑（房地产）价格评估领域最常用的方法是特征价格法（Hedonic 模型），其常被用于测量公共交通可达性、邻里特征等区位因素对城市住宅价格的影响[177]。该方法的理论依据是一种多样性商品具有多方面的不同特征（如建筑的面积、楼层、区位等），商品价格则是所有这些特征的综合反映，当商品某一方面的特征改变时，商品的价格也会随之改变[177]。

　　Weber[169]和 F. Dye[126]分别用 Logistic 模型和 Probit 二元线性回归模型分析了影响建筑拆除的因素，但本研究中的被拆除建筑的使用寿命为连续变量，被拆除建筑的使用寿命是判断该建筑是否被过早拆除的依据，因而二元线性回归模式不适用于本研究。本研究选用 Hedonic 模型用作被拆除建筑使用寿命的影响因素分析，并假设被拆除建筑的价格与该建筑的使用寿命存在线性相关的关系。

　　由于设定被拆除建筑的销售价格与使用寿命间存在线性相关性存在一定的误差，Hedonic 价格函数估计会存在选择性偏差[178]，因而需要对 Hedonic 的基础模型进行改进才能将其应用于建筑使用寿命影响因素的分析。用于测算建筑（住宅）价格的 Hedonic 价格指数模型的标准方程式如下所示[178]：

$$P = f\ (X_i,\ Y_m,\ Z_n,\ u_1) \qquad (3-1)$$

　　其中，P 代表既有建筑的销售价格，X_i 代表建筑的特征，Y_m 代表建筑所处区位的特征，Z_n 代表建筑的邻里特征，u_1 代表影响建筑销售价格的其他变量，$f\ (*)$ 表示具体的函数。

　　本研究在 Hedonic 价格指数模型标准表达式的基础上，对其进行了改进，使之适用于建筑使用寿命影响因素的分析。设定 Y 为既有建筑的使用寿命。同时，本研究提出一个假设，认为既有建筑的建筑特征（X_{1i}），区位特征（X_{2i}），邻里特征（X_{3i}），经济变量（X_{4i}），政治管辖权（X_{5i}）是影响建筑使用寿命的决定性因素，i 表示对应领域下变量的数量，u_2 代表除这五个方面的影响因素外，影响建筑使用寿命的其他因素。则得到建筑使用寿命的函数如下所示：

$$Y = f\ (X_{1i},\ X_{2i},\ X_{3i},\ X_{4i},\ X_{5i},\ u_2) \qquad (3-2)$$

　　Hedonic 价格指数模型有多种函数表达式，而关于选择哪种方程式一直是学术界争论的问题[179]。Follain 和 Malpezzi（1980）[180]认为选择半对数线性函数作为 Hedonic 价格模型的方程式有三大优点：一是消除了不同类型变量间不同量纲的影响；二是采用这种方程式便于解释模型中各系数的含义；三是可以使模型的异方差最小化。所以，本研究选取半对数线性函数作为 Hedonic 价格指数模型表达式。用 Y 代表建筑使用寿命，自变量用 X_{ni}（$1 \leqslant n \leqslant 5$）表示，建筑使用寿命的函数如下所示：

$$Y = B_0 + \sum B_{1i} \ln X_{1i} + \sum B_{2i} \ln X_{2i} + \sum B_{3i} \ln X_{3i} + \sum B_{4i} \ln X_4 + \sum B_{5i} \ln X_{5i} + E$$
$$(3-3)$$

　　其中，B_0 表示常数项，B_{ni}（$1 \leqslant n \leqslant 5$）表示估计的参数，$E$ 表示模型的随机误差项。

3.2.3 数据与变量描述

设定被拆除建筑的使用寿命为因变量。基于现有文献的理论研究，既有建筑的使用寿命主要取决于建筑特征等内部因素和区位特征、邻里特征、经济、文化、政治等外部因素综合作用的结果。由于在样本区域缺少历史建筑和历史街区，本研究不将文化因素纳入影响建筑使用寿命的因素进行分析。因此，本研究中可能影响建筑使用寿命的自变量可以被分为五类，包括建筑特征、区位特征、邻里特征、经济因素、政治因素。这些特征通过改变建筑被拆除的可能性，而间接决定了建筑被拆除的时间，从而影响了既有建筑的寿命。通过应用地理信息系统（GIS），在地图上定位了各样本建筑的地址，并基于现有的研究和样本地区的现实情况确定本研究中五个方面的变量。输入模型进行分析的各变量值的自然对数均值和标准差如表3.5所示。

表 3.5　各自变量的描述性统计量

变量	单位	Full sample ($N = 1\,732$)		预期
		均值（Ln.）	Std. dev.	
建筑特征				
STORIES—样本建筑的楼层数（X_1）	层	1.824	1.446	+
FLOORAREA—样本建筑的面积（X_2）	平方米	4.990	1.417	+
STRUCTURE—样本建筑结构的设计使用年限（X_3）	年	4.125	0.633	+
区位特征				
DISTCBD—样点到最近商业中心的直线距离（X_4）	米	7.653	1.170	+
DISTRAILWAY—样点到最近火车站的直线距离（X_5）	米	8.780	0.346	+
DISTSUBWAY—样点到最近地铁站的直线距离（X_6）	米	8.002	0.818	+
DISTHIGHWAY—样点到最近高速公路入口的直线距离（X_7）	米	8.066	0.538	+
邻里特征				
DISTRIVER—样点到最近河岸的直线距离（X_8）	米	6.094	0.792	+
DISTPARK—样点到最近公园的直线距离（X_9）	米	7.127	0.551	+
DISTCOLLEGE—样点到最近大专院校的直线距离（X_{10}）	米	7.587	1.802	+
DSTSCHOOL—样点到最近重点中学的直线距离（X_{11}）	米	7.721	0.836	+
DISTHOSPITAL—样点到最近医院的直线距离（X_{12}） in miles (X5)	米	6.921	0.814	+

变量	单位	Full sample ($N = 1\ 732$)		预期
		均值(Ln.)	Std. dev.	
经济因素				
LANDVALUE—建筑所属土地当期的市场评估价值（X_{13}）	元/平方米	5.338	0.402	—
PCVAI—2008—2010 年样点所处区域工业增加值变化率（X_{14}）	%	1.449	1.436	—
PCARS—2008—2010 年年度零售额变化率（X_{15}）	%	1.003	0.296	—
政治因素				
SIFA—2008—2010 年样点所处区域社会固定资产投资额（X_{16}）	万元	12.73	0.331	—

（1）建筑特征

建筑特征是指不受外界因素所影响的建筑固有的属性，包括建筑结构类型、楼层数、建筑面积。建筑性能是由建筑的大小（用建筑面积和楼层数衡量）和建筑的条件所决定的。扩大建筑面积或者改善建筑的物理条件会增加建筑的服务水平[129]。如果建筑拆除的决策是取决于既有建筑当前状态下的价值与建筑进行重大改变后的价值差，那么任何造成建筑不如人意的现有物理特征的改变都会使这个差距扩大，从而增加建筑被拆除的可能性。因此，本研究假设建筑结构（以不同建筑结构的设计使用年限作为其特征值，如表3.6所示）、建筑面积和建筑楼层数是建筑使用寿命的重要影响因子，并且建筑使用寿命与三个因素间的相关性为正相关。这些变量的代入值来自样本建筑基本信息特征值。

表3.6　各类建筑结构设计使用年限标准

结构类型	结构设计使用年限（年）	折损率（本年）
钢筋混凝土	90	0.0125 ~ 0.010
砖混	75	0.020 ~ 0.0125
砖木	47.5	0.040 ~ 0.014
砖石	137.5	0.008 ~ 0.070

资料来源：李瑞礼，曹志远. 近代建筑在一般工作环境下的剩余寿命预测[J]. 建筑结构，2007（3）：66 – 68.

（2）区位特征

实际上所有的案例研究都证明了城市更新的区域一般都比较接近 CBD。Clay 的研究表明，城市更新中大多数被拆除的建筑都在距离 CBD 2 英里（约 3 219 米）以内，其中大约一半的建筑（49%）在 1 英里（约 1 609 米）以内，三分之一（38%）的建筑在 1.5 英里（约 2 414 米）以内[181]。接近市区工作场所和市中心便利设施的地区比边远社区更有吸引力。为了分析这个因素对建筑使用寿命的影响，被拆除建筑到最近的商业中心的距离以米为单位被测量（江北区的 CBD 江北嘴和样本区内的其他商业中心如图 3.1 所示）。根据 Weber 等的研究，接近 CBD 会增加建筑被拆除的可能性[169]。因此，建筑使用寿命与其距商业中心的直线距离（DISTCBD）的相关性应为正相关。此外，建筑周边的交通条件（建筑到最近可达公共交通站点的距离）也会影响其使用寿命[169]。在本研究中，采用 GIS 软件，测量出样本建筑离其最近公共交通站点的距离，将测量值取自然对数作为模型相关自变量的代入值，测量内容包括样点到火车站的距离（DISTRAILWAY），样点到最近地铁站点的距离（DISTSUBWAY），样点到高速公路入口的距离（DISTHIGHWAY）。本研究中假设建筑越接近这些提升便利度的基础设施，建筑的价值会提升，从而也促进了建筑被更新的可能。因而建筑使用寿命与 DISTRAILWAY，DISTSUBWAY 和 DISTHIGHWAY 的相关性为正相关。

（3）邻里特征

Helms 的研究发现，城市中的既有建筑所处的邻里环境越好，其被更新的可能性就越大[182]。存在可达性高的令人愉悦的和便利的设施、景观，都会促进该区域内建筑的更新和拆除。拥有令人愉悦的自然景观，如开阔的视线、吸引人的景观、濒临水域，是很多被更新社区的共同特征。经过江北区的河流主要有长江和嘉陵江，两条河流是重庆市重要的自然景观。本研究估计了各样本建筑到河滨的距离（长江或嘉陵江）。长江和嘉陵江风景优美，滨江建筑拥有更好的视觉景观和通风效果，重庆的居民均认为滨江土地的价值高，因而接近滨江地带的建筑的市场需求尤其高。因而，本研究假设建筑距离江边的直线距离（DISTRIVER）与建筑使用寿命的相关系系数为正。人工的便利设施也会促进一定范围内既有建筑的更新改造，包括公园、地标建筑、大学校园以及其他能提升邻里环境的因素。因而，本研究将建筑到公园（DISTPARK）、大学校园（DISTCOLLEGE）、重点中学（DISTSCHOOL）、医院（DISTHOSPITAL）等设施的直线距离作为邻里特征的变量。所有这些变量与建筑使用寿命的相关性系数都为正。这些变量的代入值通过 GIS 软件进行测量获得。由于 2008—2010 年样本地区的人口数量与结构基本保持不变，因而本研究中不将社区人口密度的变化作为邻里特征的一个变量，尽管在现有的研究中，均认为这个因素是影响建筑使用寿命的重要因素。

（4）经济因素

Weber 等人认为，城市更新中，既有建筑自身初始价值较低，且大多数建筑的价值提升不能真实反映（低于）土地地租的增加值的区域往往会采用拆除重建的更新模式，因而，这些区域内的既有建筑使用寿命往往较短[169]。本研究将既有建筑所在土地当期的市场评估价值（LANDVALUE）作为经济因素的变量，并假设建筑使用寿命与土地价值间存在负相关的关系。此外，本研究选用工业增加值变化百分比（PCVA）和年度零售额变化百分比（PCARS）作为经济因素的另外两个变量。快速发展的经济会促进当地既有建筑的拆除重建，以获取更多的城市发展空间和更多的土地溢价。因此，本研究中假设建筑使用寿命与 PCVA 和 PCARS 的相关性系数为负。经济因素的三个变量的代入值分别取自《重庆市土地估价指南（2009）》和《江北区统计年鉴（2011）》。

（5）政治因素

城市发展的政策和政治管辖权会影响既有建筑被拆除的可能性[169]。Chen 和 Galbraith[183] 认为社会固定资产投资（SIFA）是体现城市发展政策的一个重要变量。除 SIFA 外的众多城市发展政策，如城市发展定位、人口布局、产业布局等，由于样本区域选择的局限性，江北区下属的 9 街 3 镇（其中样本建筑涉及 7 个街道）的各项政策具有趋同化且难以被量化。因此，本研究将社会固定资产投资作为城市发展政策的唯一变量，并假设建筑使用寿命与其相关性为负相关。将样本建筑按所属行政街道划分为 7 组，各街道的社会固定资产投资数据来源于《江北区统计年鉴（2011）》。此外，先前的研究将拥有独立行政决策人员（参议员）不同片区（街道）的政治管辖权作为虚拟变量，分析了政府官员（参议员）的政治偏好对建筑拆除行为的影响[169]。在我国的城市规划和建筑拆除决策中，政府官员的长官意识起到极大的作用。目前我国采用 GDP 作为考核地方政府官员政绩的关键指标，因而，政府官员在进行城市更新决策中，相比对既有旧建筑进行维护或者改造后再利用的更新模式，更倾向于采用拆除重建的方式。但由于本研究中的样本区域的城市更新与建筑拆除决策主要基于江北区政府，7 个下属行政街道并没有实质的决策权，因而在政策因素变量的选择中，排除了政治管辖权。

3.2.4　基于改进 Hedonic 模型的建筑使用寿命影响因素结果分析

利用 SPSS18.0 对上文建立的模型进行逐步回归分析，识别出了影响建筑使用寿命的关键因素。逐步回归法能有效剔除不显著的自变量，确保最后获得的回归方程整体上高度显著，且方程中各自变量对因变量均有显著影响[184]。建筑使用寿命影响因素回归模型的分析结果如表3.7所示。模型的调整可决系数 R^2 为0.277，表明模型拟合度较低，这是由于样本数目较多，且样本数据为面板数据，不存在时间序列所致[185]。尽管回归模型的拟合度相对较低，但是模型整体高度显著。模型整体检验 $F = 47.214$，$Sig. F = 0.000 < 0.05$，满足置信度为95%水平下 F 检验的要求，且方程中所有自变量的方差膨胀因素（VIF）均小于10，说明该模型不存在多重共线性[186]。由表3.7可知，进行预测的16个自变量中，有11个自变量进入方程，包括2个内部因素和9个外部因素，由此表明，建筑自身的因素和外部因素都会影响建筑的寿命，但外部因素对建筑使用寿命的影响远远超过了建筑自身因素对其的影响。

表3.7　建筑使用寿命影响因素分析结果

模型		非标准化系数		标准化系数	T	Sig.	共线性统计	
		B	标准差	Beta			公差	VIF
（Constant）		−81.654	29.452		−2.772	0.006		
自变量								
建筑特征								
STORIES	(X_{11})	−1.861 ***	0.298	−0.174	−6.238	0.000	0.574	1.742
FLOORAREA	(X_{12})	0.694 **	0.324	0.064	2.142	0.032	0.508	1.968
区位特征								
DISTCBD	(X_{21})	4.292 ***	0.702	0.325	6.113	0.000	0.158	6.313
DISTRAILWAY	(X_{22})	21.928 ***	2.378	0.492	9.234	0.000	0.158	6.343
DISTSUBWAY	(X_{23})	−6.280 ***	1.149	−0.333	−5.466	0.000	0.121	8.275
DISTHIGHWAY	(X_{24})	−2.040 ***	0.718	−0.071	−2.842	0.005	0.718	1.393
邻里特征								
DISTRIVER	(X_{31})	1.651 ***	0.590	0.085	2.797	0.005	0.489	2.043
DISTCOLLEGE	(X_{33})	1.877 ***	0.280	0.219	6.700	0.000	0.420	2.384
经济因素								
PCVAI	(X_{42})	−2.182 ***	0.427	−0.203	−5.109	0.000	0.284	3.523
PCARS	(X_{43})	−19.285 ***	1.622	−0.368	−11.889	0.000	0.466	2.147
政策因素								
SIFA	(X_{51})	−3.533 ***	1.291	−0.076	−2.737	0.006	0.585	1.710

模型	非标准化系数		标准化系数	T	Sig.	共线性统计	
	B	标准差	Beta			公差	VIF
R^2	0.232						
Adjusted R^2	0.227						
F－test	47.214 ***				$P=0.000<0.05$		

注：因变量为被拆除建筑的寿命；＊＊＊为在 1% 的水平下显著；＊＊为在 5% 的水平下显著。

3.2.5 建筑使用寿命的影响因素作用机理分析

（1）建筑自身影响因素

通过对比上述回归模型分析和先前与建筑使用寿命影响因素相关研究的结果，寻找出了异同点，并对各关键因素对建筑使用寿命的作用机理进行了分析。与预期一致，建筑面积与建筑使用寿命正相关，表明既有建筑的面积越小，其被拆除的可能性越大，建筑使用寿命也就越短。建筑的楼层数与建筑使用寿命的相关性为负，与预期相反。我国的城市更新很大程度上是由房地产开发所带动的[7]，因而很多结构、功能设计均较差，且楼层低、容积率小的既有建筑常常被拆除，取而代之的是容积率较高，但拥有更好的物理性能、更受购房者欢迎且市场价值更高的新建筑。建筑使用寿命与建筑楼层数负相关的结论违背了客观事实，即使两者的相关系数为 1.861，在 1% 的水平下显著，仍认为建筑楼层数是非显著变量。我国城市既有建筑建设随着时代的变迁经历了一个从低楼层逐步向高楼层发展的过程。通过分析样本建筑中，建筑楼层数按建设年代的分布情况（表 3.8），超过 70% 的 4～6 层的被拆除建筑建于 1970—1980 年，而大于 6 层的建筑均建于 1970 年以后，其中 55% 的 6 层以上的建筑建于 1990 年以后。由此可知，样本建筑中，拥有较高楼层的建筑，其建设年代往往越晚，其被拆除时的使用寿命也就相对越短。此外，建筑的结构区别于预期与先前的研究，该变量在上述的模型中不显著，因此建筑的结构并不是影响建筑使用寿命的关键因素，这一结论也反映出我国与西方国家在城市更新中的重大差别。

表 3.8 被拆除建筑按楼层数分布特征

建设时间	1～3 层	4～6 层	>6 层
1940 年以前	0.06%	0.00%	0.00%
1940—1949 年	16.11%	2.24%	0.00%
1950—1959 年	7.51%	7.46%	0.00%

建设时间	1～3层	4～6层	>6层
1960—1969年	15.98%	9.70%	0.00%
1970—1979年	19.58%	33.58%	7.50%
1980—1989年	23.88%	36.57%	37.50%
1990—1999年	14.44%	10.45%	55.00%
2000年以后	2.44%	0%	0%
合计	100%	100%	100%

（2）区位特征影响因素

根据回归模型分析结果可知，区位特征中的 DISTCBD、DISTRAILWAY、DISTSUBWAY 和 DISTHIGHWAY 4 个变量均在 1% 的水平下对建筑使用寿命显著。建筑离商业中心的直线距离是因变量的决定因素，对建筑使用寿命有正向的影响，相关系数为 4.292。这是因为土地的价值与其距商业中心的距离有强相关性[187]。一个区域的商服繁华程度和土地价值随着与商业中心的距离的缩短而呈现单调上升的趋势。所以初始价值较低且其价值不能反映地租增加值的既有建筑，越接近商业中心，其被拆除重建的可能性就越大。此外，样本区域中的商业中心同时也为江北区市中心。根据城市住宅过滤理论，随着城市的扩张和更新，位于市中心陈旧的既有居住建筑逐步被扩展中的"中心商业区"的管理机构和商店所取代，而新的居住建筑则被建在远离市中区的区域[188]。因此，位于商业中心（市中心）附近的既有建筑比较容易被拆除，从而导致其使用寿命较短。

从表 3.7 可知，在回归方程的所有显著自变量中，建筑到火车站的距离与建筑使用寿命的相关系数是最大的，论证了其他实证研究的结论，即临近一个大型公共交通枢纽的既有建筑更容易被拆除重建，从而导致使用寿命较短。本研究中的江北龙头寺火车站是重庆市重要的客运与货运集散中心。火车站作为城市与外界联系的集聚地，成为人和货物集散的中心，并在周边形成新的城市集聚中心，为了获得更多的居住面积和生产、活动空间，周边地区的既有建筑比较容易被拆除，并建设更符合需求的新建筑[189]。建筑到最近地铁站的距离、建筑到最近高速公路的距离与建筑使用寿命的相关性分析结果与预期相反，根据表 3.7，两个自变量对因变量的相关系数均为负值。这个结果表明了靠近高速公路入口、地铁站点的既有建筑被拆除重建的可能性相对较小，因此此类建筑的寿命相对较长。合理的解释是因为建筑临近高速公路入口，所遭受的噪声、污染、交通拥堵等负面效应超过了临近高速公路入口所带来的交通便利性的正向效应[190]，此外，高速公路入口的封闭运输，使得集聚效应改善的只是那些拥有公路出、入口的地方，其他地方并不能享受交通改善所带来的实惠，反而多了一道封锁线[189]。同时，由于贯穿江北区的 3 号地铁于 2011 年才建成投入运营，而样本建筑的拆除年份为 2008 年到 2010 年，从而导致临近地铁站点的便利性不能很好地在这些样本中体现。综上所述，建筑所处的交通条件对建筑使用寿命具有双向的影响。

（3）邻里特征影响因素

邻里特征中，自变量 DISTRIVER 和 DISTCOLLEGE 对因变量在统计学上显著，该结果论证了上文中的假设，即建筑周边区域存在的自然环境和公共设施是影响建筑使用寿命的因素。临近水域的社区由于拥有较好的视野和视觉景观，往往得以较好的开发，因而滨水（江河、湖泊）的建筑在市场中的受欢迎程度尤其高[191]。长江和嘉陵江分别从石马河和江北城流入江北区，并在江北嘴（江北区的 CBD）交汇（图 3.1）。江北区的滨江地带不仅是宜居城市建设的重要区域，也是江北区的城市形象展示窗口。但位于江北区滨江地带的大部分既有建筑为工业建筑和自身条件较差的老旧居住建筑，如天原化工厂、造纸厂等，无法满足滨江地带的娱乐休闲、景观观赏和居住功能的需求，故而这些滨江建筑更容易被拆除，代之以具有更好风貌和更高使用价值的高档住宅和商业建筑。此外，作为衡量土地社会、生态效益好坏和土地社会物化劳动的投入量的一个主要指标，良好的公共服务设施会提升邻里环境[191]。开放式的大专院校作为公共设施，不仅改善了周边地区的景观，同时还为周边居民提供了良好的休闲、教育环境，刺激周边地区的房价和地价提升，从而促进周边建筑的更新和拆除活动。

而自变量 DISTSCHOOL、DISTHOSPITAL 和 DISTPARK 对因变量不显著，在回归模型中被剔除。一方面，重庆市江北区的重点中学多为封闭式经营，封闭的围墙导致校内的体育、草地、图书馆等设施并不能被周边社区内的居民所享用，反而对城市交通造成了阻断；另一方面，由于学区房的存在，导致重点中学周边的建筑拥有较高的价值，两方面影响的相互抵消造成了 DISTSCHOOL 对建筑使用寿命影响不显著。建筑靠近医院和公园，会增加居民对医疗、休闲设施获取的便利性，但是也增加这些设施带来的负面效应，如拥挤、嘈杂等，所以在回归模型中，DISTHOSPITAL 和 DISTPARK 也对建筑使用寿命影响不显著。因此，既有老旧建筑靠近令人愉悦的自然景观和便利公共设施，其被更新和拆除的可能性越大，以使更新后的建筑更与周边优越的邻里环境更匹配。

（4）经济影响因素

与预期相一致，经济特征中的自变量规模工业增加值变化率和商贸零售额变化率对因变量影响显著，且与其呈现负相关。而土地价值与因变量相关性不显著，在回归模型中被剔除。这个结果表明经济因素对建筑使用寿命有负向的影响，即经济发展越快的地区，既有建筑的使用寿命越短。此外，年度商贸零售额变化率对建筑使用寿命的影响程度在所有进入回归模型的自变量中排名第二，是工业增加值变化率回归弹性系数的 10 倍。该结果与江北区近年来由于快速发展的经济带动的产业结构调整相关。城市产业结构转换过程带来了资源和包含土地要素的时空配置，在这个过程中，原有的主导产业由于在土地竞争中的劣势而外移，为新的产业提供发展空间[192]。江北区作为重庆市的金融、商贸中心，第三产业已经超越第二产业，逐步发展成为主导产业。随着商贸业的快速发展和商业用地以及新增建设用地的稀缺，一些占地面积大或环境污染严重的工业企业逐渐迁出江北中心区，大量空置的尚处于"青壮年"时期的工业建筑和家属区住宅被迫拆除，导致该片区的建筑使用寿命大幅缩短。

（5）政治影响因素

政策因素中的自变量社会固定资产投资与因变量在回归方程中呈现显著负向相关，符合预期，表明城市发展政策是影响建筑使用寿命的重要因素。社会固定资产投资对区域集聚效应有正向的影响。随着投资额的增加，基础设施、公共服务设施和环境等区域发展物理条件得以迅速改善，从而提高劳动生产率，同时，可以加快区域的产业集聚，使土地充分发挥规模经济的集聚效益[192]。区域聚集效应分布的变化和水平的提高，必然引起城市空间和用地结构的一系列调整，从而促使该片区的原有建筑必须快速更新来满足新的城市功能需求。

本研究在做回归模型分析时，没有代入政治管辖权的变量，但政治管辖权仍是影响我国建筑使用寿命的决定性因素。Weber[169]等人的研究表明，政治管辖权对芝加哥既有建筑的拆除行为有显著影响。相较于西方国家，我国的政治管辖权在城市更新中对建筑拆除决策的影响更大[193]。同时，在我国现阶段的建筑拆除决策中，居民、业主、租户等公共主体的参与度较低，政府及主管机构在决策制定过程中很少考虑公众意见。根据公众参与理论中的"市民参与阶梯理论"，公众的参与程度可以划分为 3 个层次、8 阶梯：第一层为"无参与（Nonparticipation）"，包括治疗、操纵两级；第二层为"象征性的参与（Tokenism）"，包括通知、咨询和安抚三级；第三层为"市民权利（Citizen Power）"，包括伙伴、代理权、市民控制三级。在城市更新领域，我国目前的公众参与位于第一层和第二层的水平，参与形式长期停留在新闻发布会、拆迁公示会、拆迁展示会等形式主义层面，并不能真正参与到决策中，并确保公众的意见能在决策中充分体现[211]。由于现行建筑拆除决策程序中透明性的缺乏和地方政府行为的强烈作用，既有建筑往往未得到科学的评估就被拆除，导致了我国大量城市既有建筑使用寿命过短。同时，回归模型中政策因素的缺失，也可以认为是导致调整可决系数 R^2 值很低的重要原因。

3.3 本章小结

本章选择重庆市江北区作为研究区域，采用定量分析的研究方法，对我国城市建筑使用寿命的现状和建筑被过早拆除的原因进行深入系统的分析，为城市建筑拆除决策机制的构建奠定现实基础。

作者基于实地调研，首先获得 1 732 组有效的被拆除样本建筑的基础数据，采用描述性统计分析的方法，测算出被拆除建筑的实际使用寿命仅为 34 年，验证了我国建筑使用寿命过短的论断，明确了通过构建完善的建筑拆除决策机制，使建筑拆除行为规范化和合理化的必要性与和紧迫性。建筑使用寿命的分布特征分析结果显示，城市更新中被拆除的城市既有建筑，接近一半建于 20 世纪70—80 年代。此外，不同功能建筑的使用寿命差异较大，办公、商业类建筑的使用寿命短于平均寿命，而教育、医疗等用途的建筑使用寿命相对较长。

在建筑使用寿命测算及寿命分布特征分析的基础上，本章基于实地调研得到的基础数据，结合 GIS 软件分析，采用改进的 Hedonic 模型，从建筑特征、区位特征、邻里特征、经济因素、文化因素、政治因素等方面对影响建筑使用寿命的关键因素进行了识别和作用机理的分析。分析结果表明，建筑使用寿命受建筑内部因素和外部因素的共同影响，而外部因素的影响程度远远超过建筑结构、楼层数等建筑自身因素的影响。外部因素中的区位因素对建筑使用寿命有双向的影响，而邻里特征、经济因素和政治因素对建筑使用寿命均存在负向的影响。由于数据收集的限制与模型应用的局限性，众多政治类因素难以以变量形式被纳入 Hedonic 模型进行量化分析，如城市规划的变更、长官意志、行政管辖权等，而在实际城市更新项目实施中，政治类因素对建筑拆除的影响非常大。建筑被过早拆除的原因与作用机理分析是构建建筑拆除决策评价指标体系的重要依据，在评价体系构建中，应基于建筑使用寿命的影响因素分析结果，强化合理因素的作用，控制不合理因素的影响，如增加社会文化类指标，限制建筑拆除决策中经济和政策类指标的作用权重等。

4 建筑拆除决策机制现状分析与问题识别

系统深入地分析我国城市更新中建筑拆除决策机制现状，明确现行做法，并识别出现存的问题，是构建和完善我国建筑拆除决策机制的基础。为了更全面客观地挖掘出我国建筑拆除决策中存在的问题，本章采用点面结合的方式，从宏观分析着手，通过文献研究和专家访谈，梳理分析国家和地方层面的相关法律法规和实施细则，随后选择城市更新实践走在全国最前列的四个城市，包括北京、上海、广州和深圳，从组织机构设置、决策流程、决策依据和决策方法等方面识别出存在的缺失。在此基础上，通过实地调研和专家访谈，进行建筑拆除实际案例分析，从微观层面更具体深入地分析我国城市更新中建筑拆除决策机制中存在的不足，并验证宏观分析中所识别出的问题。

4.1 法律法规体系分析与问题识别

4.1.1 现行法律法规体系

（1）国家层面法律法规分析

从国家层面看，目前尚未有专门针对城市建筑拆除决策的法律法规，但有多个法律法规的内容涉及了城市更新中的建筑拆除决策，它们构成了一个基本的体系，对全国范围地方层面的城市更新和建筑拆除决策具有一定指导性。上述法律法规的核心内容与主要问题分析如表4.1所示。

表 4.1　国家层面的相关法律和行政法规

序号	名称	相关核心内容（节选）	问题分析
1	《中华人民共和国土地管理法》（2004 年修订）	第二章第九条：城市市区的土地属于国家所有。 第五十四条：建设单位使用国有土地，应当以出让等有偿使用方式取得；但是，下列建设用地，经县级以上人民政府依法批准，可以以划拨	规定了土地使用权获得的两种方式，一种是划拨，另一种是有偿转让。土地有偿使用费用中70%归地方政府，容易导致地方政府为了增加土地财政收入而出现不合理征收、拆除

序号	名称	相关核心内容（节选）	问题分析
1	《中华人民共和国土地管理法》（2004年修订）	方式取得：（一）国家机关用地和军事用地；（二）城市基础设施用地和公益事业用地；（三）国家重点扶持的能源、交通、水利等基础设施用地；（四）法律、行政法规规定的其他用地。 第五十五条：土地有偿使用费，百分之三十上缴中央财政，百分之七十留给有关地方人民政府	
2	《中华人民共和国物权法》	第五章第六十四条：私人对其合法的收入、房屋、生活用品、生产工具、原材料等不动产和动产享有所有权	土地所有权归国家所有，土地上建筑物所有权归私人所有，而建筑无法与土地分离，因此建筑的所有权难以得到保障，容易被过早拆除
3	《中华人民共和国城乡规划法》	第二条：规划区的具体范围由有关人民政府根据城乡经济社会发展水平和统筹城乡发展的需要划定。 第十五条：县人民政府组织编制县人民政府所在地镇的总体规划，报上一级人民政府审批	赋予县级城市人民政府制定规划的权力，审批由上级政府完成。县级政府不需要顾及土地批租时所承诺的七十年或五十年期限，即可以对原有规划进行修改、调整，甚至进行彻底的重新规划，导致地方政府决策部门以及相关领导对城市规划的决策有着很大的影响。地方政府能够通过规划的修改，来将本不合理的建筑拆除活动合法化。而规划制定阶段，公众参与度基本空白，群众的举报和控告权力仅针对违反规划的行为
4	《中华人民共和国循环经济促进法》（2018年修正）	第二十五条：城市人民政府和建筑物的所有者或者使用者，应当采取措施，加强建筑物维护管理，延长建筑物使用寿命。对符合城市规划和工程建设标准，在合理使用寿命内的建筑物，除了为了公共利益的需要外，城市人民政府不得决定拆除	限制了政府房屋征收拆除的权力，在建筑物满足使用条件的情况下，通过维护管理延长其使用寿命，避免被过早拆除。但该条款缺少对应的实施细则和操作标准，且"公共利益"也没有明确界定，因此难以落实

序号	名称	相关核心内容（节选）	问题分析
5	《国有土地上房屋征收与补偿条例》	第八条：为了保障国家安全、促进国民经济和社会发展等公共利益的需要，有下列情形之一，确需征收房屋的，由市、县级人民政府作出房屋征收决定：（四）由政府组织实施的保障性安居工程建设的需要；（五）由政府依照城乡规划法有关规定组织实施的对危房集中、基础设施落后等地段进行旧城区改建的需要	加强了征收程序中的公共参与，但地方政府仍被授予征收的决策权，被征收人只能对征收补偿提出异议，不能改变房屋被征收行为的发生，明确了政府是房屋征收和补偿的主体，公共利益界定范围过宽，并将旧城区改建的需要纳入了公共利益的范畴
6	《中华人民共和国文物保护法》	第二十条：建设工程选址，应当尽可能避开不可移动文物；因特殊情况不能避开的，对文物保护单位应当尽可能实施原址保护。实施原址保护的，建设单位应当事先确定保护措施，根据文物保护单位的级别上报相应的文物行政部门批准；未经批准的，不得开工建设。无法实施原址保护，必须迁移异地保护或者拆除的，应当报省、自治区、直辖市人民政府批准；迁移或者拆除省级文物保护单位的，批准前须征得国务院文物行政部门同意。全国重点文物保护单位不得拆除；需要迁移的，须由省、自治区、直辖市人民政府报国务院批准	有些具有保护价值的建筑但是没有被列入文物保护单位，这类古建筑按政府规划要求拆迁虽然可惜，但并不违规。未列入文物保护单位的建筑价值的认定程序和标准不完善，主要是根据评审专家的意见主导，结论很大程度上取决于评审专家对古建筑的理解
7	《历史文化名城名镇名村保护条例》	第二十八条：在历史文化街区、名镇、名村核心保护范围内，拆除历史建筑以外的建筑物、构筑物或者其他设施的，应当经城市、县人民政府城乡规划主管部门会同同级文物主管部门批准。第三十三条：任何单位或者个人不得损坏或者擅自迁移、拆除历史建筑	仅对核心保护区内的建筑构建了比较完善的保护体系

资料来源：作者根据国家相关法律法规整理。

（2）地方层面有关规定

在国家法律法规的基础上，全国部分省、自治区、直辖市出台了相应管理办法与实施细则，用于规范城市更新过程中的建筑拆除。本研究通过文献检索，选择了具有代表性的地方性规定与细则进行深入分析，上述办法和条例的核心内容及问题分析如表4.2所示。

表4.2　地方层面有关规定

序号	名称	相关核心内容（节选）	问题分析
1	《深圳市城市更新办法》（市政府令第211号）	第十八条：区政府申报的辖区内城市更新单元规划制定计划纳入城市更新年度计划的，由区政府组织原单位拟定城市更新单元规划草案，按照规定程序报批。市政府各相关主管部门、有关企事业单位申报的城市更新规划制定计划纳入城市更新年度计划的，由市规划国土主管部门组织申报单位拟定城市更新单元规划草案，按照规定程序报批	明确了城市更新的概念，将城市更新纳入了城市规划体系，强调了公众参与；城市更新类型划分为综合整治、功能改变和拆除重建三种，但是没有明确划分依据；城市更新单元的选取标准、评价方法需要细化；城市更新单元规划编制依据法定图则及各上位规划，未结合片区内既有建筑状态的综合评估
2	《深圳市城市更新办法实施细则》（深府〔2021〕1号）	第三十条：特定城市建成区具有《深圳市城市更新办法》第二条第二款规定的情形之一，且通过综合整治、功能改变等方式难以有效改善或者消除的，可以通过拆除重建方式实施城市更新。 第三十三条：拆除项目实施方式包括权利主体自行实施、市场主体单独实施、合作实施和政府组织实施。 第四十六条：存在多个权利主体的，只有通过以房地产作价入股成立或加入公司、签订搬迁补偿安置协议、房地产收购形成单一主体，方可申请实施主体确认	限定了拆除重建类城市更新的准入条件，避免粗放的"大拆大建"改造模式，注重可持续发展的更新理念，但仍缺乏基于单体建筑的建筑拆除决策评价体系。同时在确认改造实施主体阶段，要求市场主体与所有业主签订搬迁补偿安置协议，形成单一主体，少数业主为追求个人利益最大化拒绝签订补偿安置协议将造成城市更新的进度延迟
3	《北京市国有土地上房屋征收与补偿实施意见》（京政发〔2011〕27号）	第九条：多数被征收人认为征收补偿方案不符合规定的，区县政府应当组织由被征收人和公众代表参加的听证会，并根据听证会情况修改方案	延续了国家条例的内容，主要针对拆迁补偿，而对建筑拆除缺乏相关规定

序号	名称	相关核心内容（节选）	问题分析
4	《北京市旧城区改建房屋征收实施意见》(京建发〔2013〕450号)	（三）改建征询：旧城区改建计划确定后，区县人民政府组织或指定相关单位征询拟改建范围内产权人、公房承租人的改建意愿；（七）方案征询：房屋征收补偿方案应在征收范围内公布，征求公众意见；多数产权人、公房承租人不同意征收补偿方案的，区县人民政府应当组织由产权人、公房承租人和公众代表参加的听证会，并根据听证会情况修改方案；（八）预签协议：区县房屋征收部门按照公布的征收补偿方案，组织产权人、公房承租人预签附生效条件的征收补偿协议	针对旧城区改建项目，实行二次征询制度，第一次是在改建计划确定之后进行的改建征询，第二次是在房屋征收补偿方案拟定后进行的方案征询，充分征求公众意见，有利于公众权益的保障。增加了预签协议环节，实际是对居民意愿的提前摸底。但是，对于是否应对既有建筑实施整体拆除的方式并没有规定
5	《上海市国有土地上房屋征收与补偿实施细则》(市政府令第71号)	第十条（房屋征收范围的确定）符合本细则第八条第（一）项至第（四）项规定的建设项目需要征收房屋的，房屋征收范围根据建设用地规划许可证确定。符合本细则第八条第（五）项规定因旧城区改建需要征收房屋的，房屋征收范围由市建设行政管理部门会同市房屋管理、发展改革、规划土地、财政等行政管理部门以及相关区（县）人民政府确定。符合本细则第八条规定的其他情形需要征收房屋的，房屋征收范围由市房屋行政管理部门会同相关行政管理部门和区（县）人民政府确定。第十二条（旧城区改建的意愿征询）因旧城区改建房屋征收范围确定后，房屋征收部门应当组织征询被征收人、公有房屋承租人的改建意愿；有90%以上的被征收人、公有房屋承租人同意的，方可进行旧城区改建。第十五条（征收补偿方案的拟订和论证）因旧城区改建需要征收房屋的，区（县）人民政府还应当组织由被征收人、公有房屋承租人和律师等公众代表参加的听证会。第十六条（方案修改和公布）区（县）人民政府应当将征求意见情况和根据公众意见修改的情况及时公布。第十九条（房屋征收决定）房屋征收决定由区（县）人民政府作出	相较于国家及其他地方的征收补偿条例，上海市规范了既有建筑的征收范围及各类征收方式，并明确旧城区改建需要实行征询制度，使被拆迁人的意愿得到体现，但对于旧城区改建中的既有建筑是否应被拆除重建，并没有相应的规定

序号	名称	相关核心内容（节选）	问题分析
		涉及被征收人、公有房屋承租人50户以上的，应当经区（县）人民政府常务会议讨论决定。 第二十一条（旧城区改建征收决定） 因旧城区改建需要征收房屋的，房屋征收部门应当在征收决定作出后，组织被征收人、公有房屋承租人根据征收补偿方案签订附生效条件的补偿协议。在签约期限内达到规定签约比例的，补偿协议生效；在签约期限内未达到规定签约比例的，征收决定终止执行。签约比例由区（县）人民政府规定，但不得低于80%	
6	《上海市城市更新实施办法》	第八条（管理制度） 城市更新工作实行区域评估、实施计划和全生命周期管理相结合的管理制度。区域评估要确定地区更新需求，适用更新政策的范围和要求；实施计划是各项建设内容的具体安排；全生命周期管理是以土地合同的方式，通过约定权利义务，进行全过程管理。 第九条（区域评估的内容） 城市更新区域评估应当形成区域评估报告，主要包括以下内容：（一）进行地区评估。按照控制性详细规划，统筹城市发展和公众意愿，明确地区功能优化、公共设施完善、城市品质提升、历史风貌保护、城市环境改善、基础设施完善的目标、要求、策略，细化公共要素配置要求和内容。（二）划定城市更新单元。按照公共要素配置要求和相互关系，对建成中由区县政府认定的现状情况较差、改善需求迫切、近期有条件实施建设的地区，划定城市更新单元并予落实。 第十三条（实施计划的内容） 城市更新实施计划主要包括以下内容：（一）明确城市更新单元内的具体项目，制定城市更新单元的建设方案。一个城市更新单元内可以有一个或多个城市更新项目。（二）确定城市更新单元建设方案的实施要求，协商明晰单元的更新主体、权利义务、推进要求	清晰定义了城市更新，对城市更新工作的组织机构设置及各层级的职能部门的管理职责进行了明确，并建立了实行区域评估、实施计划和全生命周期管理相结合的城市更新工作管理制度，同时建立了城市更新规划政策和土地政策。相比深圳市，将城市更新分为了两部分，一是区域现状及发展需求的评估，二是基于发展需求的项目实施，使城市更新工作更具系统性和科学性，强化了区域评估的内容，并对公众参与的方式和流程进行了强化和明确，但没有提及更新模式并对其进行分类，更关注的是更新项目的需求和目标，而对既有建筑的关注度不足，缺乏对既有建筑拆除的相关规定

续表

序号	名称	相关核心内容（节选）	问题分析
7	《上海市城市更新规划土地实施细则（试行）》（沪规土资详〔2017〕693号）	第九条（区域评估报告的内容）城市更新 第十一条（更新评估的内容） 更新评估应形成评估报告，主要内容包括： （一）划定更新单元。应以更新项目所在地块为核心，宜以单元规划确定的近期更新街坊为基础，结合实际更新意愿，选择近期有条件实施建设的范围划为更新单元，一般最小由一个街坊构成。更新单元内的更新项目可按本细则相关规定适用规划土地政策。 （二）开展公共要素评估。根据相关标准，适当扩大到周边区域开展评估；应落实单元规划明确的相关要求，结合公众意愿和地区发展需求，根据实施急迫度、服务半径合理性以及实施可能性，衔接本细则规定的相关规划土地政策，明确更新单元内应落实的公共要素清单。单元规划正在编制的，应根据相关技术标准和要求，统筹考虑规划实施情况、公众意愿、地区发展趋势等，明确更新单元内应落实的公共要素清单。 第十二条（更新单元的划定原则） 符合下列情形之一的，可划定为更新单元：（一）地区发展能级亟待提升、现状公共空间环境较差、建筑质量较低、民生需求迫切、公共要素亟待完善的区域；（二）根据区域评估结论，所需配置的公共要素布局较为集中的区域；（三）近期有条件实施建设的区域，即物业权利主体、市场主体有改造意愿，或政府有投资意向，利益相关人认同度较高，近期可实施性较高的区域	依据《城市更新办法》对组织构架、城市更新区域评估、城市更新实施计划、全生命周期管理、规划土地管理政策五项重点内容进行了细化。一是对城市更新的各职能部门的职责进行了细化；二是城市更新区域评估明确了工作规程、评估范围、评估内容及评估方法，城市更新实施目标与流程均较清晰，且评估依据具体；三是细化城市更新实施计划的操作流程和内容，明确了编制更新项目意向性方案的要求，要求进行项目所在地现状分析，但缺乏基于建筑自身的既有建筑综合评估，且缺乏经济效益的分析；四是细化了更新项目的全生命周期管理理念，但全生命周期未进行界定，且内容不完整，只针对开发阶段，而未包含既有建筑拆除决策和拆除管理；五是对规划土地管理政策的细化，但控制指标及规划政策都针对项目的开发阶段，主要的指标包括用地性质、建筑容量、建筑高度等开发性指标，缺失对既有建筑的维护和保护相关的指标

序号	名称	相关核心内容（节选）	问题分析
8	《天津征收与补偿条例》	第十二条：市、县级人民政府作出房屋征收决定前，应当按照有关规定进行社会稳定风险评估。 第十三条：区人民政府应当将征收补偿方案征求意见情况、听证会情况和根据被征收人、公有房屋承租人、公众意见修改的情况及时在房屋征收范围内予以公布。 第十五条：区人民政府作出房屋征收决定前，应当按照有关规定组织进行社会稳定风险评估。社会稳定风险评估结论应当作为是否作出房屋征收决定的重要依据。 第十七条：区人民政府作出房屋征收决定，涉及被征收人、公有房屋承租人数量较多的，应当经政府常务会议讨论决定。区人民政府作出房屋征收决定后，应当于3日内在房屋征收范围内予以公告。公告的房屋征收决定应当载明征收补偿方案和行政复议、行政诉讼权利等事项。区人民政府及房屋征收部门应当做好房屋征收与补偿的宣传、解释工作。 房屋被依法征收的，国有土地使用权同时收回	缺乏对征收决策的说明和规定，公众的参与而只在补偿方案阶段，且对涉及人数的规定模糊，可操作性不强，政府掌握更大的主导权。征收前的评估只提及社会稳定性评估，而对经济、文化、环境等方面的评估均缺失
9	《广东省城乡规划条例》	根据第八十五条，加大对擅自拆除历史建筑行为的处罚力度，因拆除历史建筑造成严重后果的，对拆除单位最高罚款50万元，个人最高罚款20万元	只针对历史建筑乱拆有相应规定，不够全面。另外，对乱拆历史建筑最高只能罚50万元，在当今地产热的背景下，显得没有力度
10	《广州市国有土地上房屋征收与补偿实施办法》（穗府〔2014〕38号）	根据第十条和第二十条，（1）房屋征收决定应当满足公共利益的需要。（2）征收范围按照规划部门出具的规划意见红线范围确定。征收项目涉及被征收人数量达100户以上（含100户）的，作出房屋征收决定前，应当经本级人民政府常务会议讨论决定；第十九条：房屋征收部门在摸底、调查阶段，应当向文物行政部门、规划部门确认该地块文物、历史建筑、历史风貌区的普查情况	对征收涉及100户以上（含100户）居民的项目决策明确了决策主体，同时对历史建筑的保护也十分重视，但是缺乏对非历史建筑（包括地标建筑等）保护的规定

续表

序号	名称	相关核心内容（节选）	问题分析
11	《广州市城市更新办法》（广州市人民政府令第 134 号）	第二条：本办法所称城市更新是指由政府部门、土地权属人或者其他符合规定的主体，按照"三旧"改造政策、棚户区改造政策、危破旧房改造政策等，在城市更新规划范围内，对低效存量建设用地进行盘活利用以及对危破旧房进行整治、改善、重建、活化、提升的活动。第十四条：城市更新方式包括全面改造和微改造方式。全面改造是指以拆除重建为主的更新方式，主要适用于城市重点功能区以及对完善城市功能、提升产业结构、改善城市面貌有较大影响的城市更新项目。微改造是指在维持现状建设格局基本不变的前提下，通过建筑局部拆建、建筑物功能置换、保留修缮，以及整治改善、保护、活化、完善基础设施等办法实施的更新方式，主要适用于建成区中对城市整体格局影响不大，但现状用地功能与周边发展存在矛盾、用地效率低、人居环境差的地块。第十六条：市城市更新部门应当建立常态的基础数据调查制度，组织指导各区政府开展城市更新片区的土地、房屋、人口、规划、文化遗存等现状基础数据的调查工作，建立城市更新数据库。第十七条：城市更新重大项目实行专家论证制度。市城市更新部门组织设立城市更新专家库，对符合条件的更新项目的科学性、可行性、合理性进行论证	相对于深圳市和上海市的办法，该办法在对城市肌理保护和城市建筑现状调查分析方面有了更深入的规定，但仍缺乏客观、可评价的决策依据
12	《杭州市历史文化街区和历史建筑保护条例(草案)》	对擅自迁移、拆除历史建筑的单位，处以 20 万元以上 50 万元以下的罚款，对个人并处 10 万元以上 20 万元以下的罚款	最高上限 50 万元的罚款力度，难以形成约束力
13	《山西省文物建筑构件保护管理办法》（山西省人民政府令第 246 号）	明确了对擅自拆除、转让、抵押和非法买卖文物建筑构件行为的处理程序，明确了对文物建筑所在地文物行政部门行政不作为的处理程序，明确了文物进出境审核机构的职责	针对文物建筑保护明确了责任和处罚程序，但未涵盖其他类型的建筑

序号	名称	相关核心内容（节选）	问题分析
14	《陕西省建筑保护条例》	第二十七条：对既有建筑应充分发挥其设计功能，避免随意拆建；使用国有资金投资建设的公共建筑，未达到结构设计使用年限的不得拆除	明确了公共建筑在没有达到设计使用年限前，不得随意拆除，属于全国首例。但只针对公共建筑，且对于非国有资金投资建筑未有规定

资料来源：作者根据地方相关法律法规整理。

4.1.2 现存问题识别

通过分析国家制定的相关法律、法规和地方制定的管理办法和实施细则，可以发现，我国逐步开始关注城市既有建筑的保护和拆除管理，但系统的法律法规体系尚未建立，不能有效规范城市建筑拆除。现存的不足和亟须改进的地方主要有以下几个方面：

（1）现行法律法规缺乏针对建筑拆除的专门规定，不能有效规范城市建筑拆除

我国城市既有建筑拆除包括因公共利益进行征收引起的拆除和自主申请拆除两类。城市房屋征收是既有建筑拆除的前提，针对因公共利益而造成的建筑拆除，国务院颁发的《国有土地上房屋征收与补偿条例》是我国目前具有指导性的主要法规性文件，其对房屋征收的程序、审批和补偿等方面作出了详细规定，但其侧重点在于房屋征收过程中被征收人的损失补偿问题。该条例的颁布和实施体现了对拆迁人的重视，但是却明显缺乏对被拆迁房屋的考虑，无法形成规范建筑拆除的依据，这也是导致我国房屋未到使用寿命就被拆除的重要原因。对于自主申请拆除的类型，国家层面缺乏建筑拆除决策的法规性依据，只针对历史性建筑及历史街区内建筑的拆除做了一定的限制。

在地方性的法规与管理办法中，针对因为公共利益需要而引起的城市既有建筑拆除行为，大多的省市都沿用了国家的规定，建筑拆除决策的主要法律依据仍然是房屋征收与补偿条例。只有深圳市在《深圳市城市更新办法》中明确地把城市更新的方式划分为三类（包括因公共利益征收和自主申请更新），即拆除重建、综合整治和功能改变，并规定在采用拆除重建模式前必须首先考虑综合整治与功能改变。对于自主申请更新的既有建筑拆除决策，虽有部分省市出台了相应的规定，但均散见于各类地方政府颁发的文件与细则中，没有形成清晰完整的法规体系。如2007年杭州市政府出台的《杭州市重要公共建筑拆除规划管理办法（试行）》，这些法规所针对的对象是公共建筑

或历史建筑等特殊建筑，不包括普通建筑，管理对象存在很大的局限性。

目前，全国只有陕西、杭州和深圳对未到使用寿命的城市建筑拆除决策做出了规定，其中陕西和杭州的规定则缺乏实施细则。深圳市则在《关于加强和改进城市更新实施工作的暂行措施》中明确提出，旧住宅区申请拆除重建的，建筑物建成时间原则上应不少于 20 年；旧工业区、旧商业区申请拆除重建的，建筑物建成时间原则上应不少于 15 年，但规定的寿命均大幅低于既有建筑的设计使用年限，且缺乏科学性的决策依据，只是一刀式地划定了一个基线。

（2）城市更新未形成体系，脱离城市规划，建筑拆除决策存在随意性和短期性

就我国城市既有建筑拆除的现状来看，绝大部分建筑拆除都发生在城市更新项目中，但是城市更新在全国各地并未形成统一的体系。国家层面并未定义城市更新的概念，对其范围也未进行明确界定，因而我国各省市处于老旧小区综合整治、危旧房改造、旧城改造、棚户区改造等多类型项目共存的状态，各类项目之间存在交叉重叠的现象，而各类项目的配套政策、实施办法间甚至存在相互矛盾或前后冲突的问题，从而导致了城市既有建筑拆除决策混乱，存在很强的主观性和随意性。同时，由于没有建立系统的城市更新体系，各省市政府及主管部门在实施既有建筑改造和拆除重建项目过程中，往往会受短期利益的驱使而忽略城市更新中可持续发展的原则，项目实施的目标也就偏离了城市更新的目标，更多关注城市物理形态的变化和即时的经济效益，对社会、环境、文化等方面则缺乏相关的考虑。目标的偏离导致了更新方式的不同，更多采用拆除重建的模式，从而导致了大量建筑的过早死亡。

此外，无论国家层面还是绝大多数各省市，均未将旧城改造、棚户区改造、老旧小区改造等与城市更新相关的城市建设活动纳入城市规划体系中，不能与城市发展与建设规划对接，因而导致了更新活动的短视性和随意性，并时常出现城市建成区与发展规划相冲突的现象，这也是致使我国城市既有建筑使用寿命过短的重要原因。

目前，全国城市更新领域走在最前列的是深圳市、上海市和广州市，这三个城市均出台了城市更新决策办法，在办法中明确提出了城市更新的概念，并界定了属于城市更新的范围，同时均规定要编制城市更新专项规划和城市更新单元规划，作为指导城市更新项目的法定依据。其中城市更新专项规划需要服从于国民经济和社会发展总体规划、城乡总体规划和土地利用总体规划，并与短期建设规划相对接，而城市更新单元规划的编制依据是所有相关上位规划，该规定使得城市更新作为城市发展与建设的重要部分被纳入到了城市规划体系，构建了完整的决策法规体系，是我国城市更新背景下建筑拆

除决策机制构建和完善的方向。

（3）行政部门主导城市建筑拆除的决策与实施，决策过程群众参与不足，缺少有效的监督和制约

《中华人民共和国土地管理法》规定城市市区的土地属于国家所有，因而建筑的拆除重建实质上是政府回收土地使用权和重新分配的一个过程。《国有土地上房屋征收与补偿条例》赋予了县级以上政府房屋征收的决定权，中央政府将房屋征收的权力下放，为城市经营提供了可能。在城市更新过程中，政府运用市场经济手段对城市资源进行重组配置，可以有效发展城市经济、增加财政收入和提升城市形象。《中华人民共和国城乡规划法》中，赋予县级城市人民政府制定规划的权力，审批由上级政府完成。这一规定赋予了地方政府决策部门对城市规划很大的话语权。地方政府能够通过规划的修改，将本不合理的建筑拆除活动合法化。由于缺少对政府行政行为的监督和制约，群众在规划层面的参与基本空白，只能被动接受。我国很多旧城区是城市的商业集中区，土地价值很高，具有较大的经济发展潜力和商业开发价值，成为城市规划调整的重点区域。由于缺乏相应的法规指引，在规划的制定过程中，缺乏对改造更新区域内既有建筑的详细调查和基本尊重，导致大量未到使用年限的建筑被"合规"拆除。

（4）公共利益和非公共利益界定模糊，导致对城市建筑的保护不力

目前我国房屋征收行为可以按性质的不同分为两种，一种是政府基于公共利益需要作出房屋征收决定；另一种实际上是市场开发主体与政府达成共识后，向政府申请执行房屋征收，然后将征收完成的土地用于商业开发。尽管《国有土地上房屋征收与补偿条例》对"公共利益的需要"做出了解释，但仍不够详细具体，各地方条例均延续了国家条例的描述，没有对"公共利益的需要"作出明确界定，实际中难以有效判定。对于城市建筑的保护来说，"公共利益"的明确界定是一个根本性的问题。在城市更新的实际执行过程中，各地都不同程度地存在将公共利益扩大化的现象，这也是导致既有建筑虽然具有很好的使用功能，但也无法得到有效保护的根本性原因。另外，无论是城市规划还是公共利益项目的确定，都缺乏对由于既有建筑拆除而引发的公共损失评估，现有评估只是对补偿价格的单纯经济性评估和社会稳定性评估。

（5）现有法规条文规定不明确，可操作性不强，执行力度不够

地方法规应当是国家政策的细化和延伸，致力于解决当地的实际问题，体现出更强的针对性，但在建筑拆除相关法规方面，部分地方法规条款在制定过程中延续了国家法规的表述，出现"多数""较多"等表述不明确的限

定词，如《北京市国有土地上房屋征收与补偿实施意见》规定"房屋征收决定涉及被征收人数量较多的，应当经区县人民政府常务会议讨论决定"，但没有说明"数量较多"的标准，操作起来存在一定的困难。部分地方法规除了本身亟待修订和完善以外，还缺乏配套的实施细则或操作办法。实施细则是对法规做出详细的、具体的解释和补充，增强其操作性，以利于法规的贯彻执行。实施细则的缺失致使政策法规无法有效实施推进，导致有关机关或部门在执行过程中没有规范的行为标准。已出台法规中对不合理建筑拆除惩罚力度不足，罚款额度太小，很难起到约束作用。例如，《广东省城乡规划条例》规定"加大对擅自拆除历史建筑行为的处罚力度，因拆除历史建筑造成严重后果的，对拆除单位最高罚款 50 万元，个人最高罚款 20 万元。"在当今地产热的背景下，最高 50 万元的惩罚力度，显得没有约束强度。

4.2 组织结构设置现状分析与问题识别

就我国的现状而言，建筑拆除决策包含于城市更新决策之中。本节采用文献研究和专家访谈等方法，通过对北京、上海、广州、深圳四个典型城市相关实践的研究，明确我国城市更新和建筑拆除决策相关职能部门设置现状，总结出现行建筑拆除决策组织结构设置中存在的主要问题。

4.2.1 现行组织结构设置

现阶段全国各地负责城市更新与建筑拆除决策的职能部门设置形式可以分为两大类（表4.3）。一类是依据《国有土地上房屋征收与补偿条例》，以房屋征收和危旧房（或者棚户区）改造为目的，由市区两级国土房管系统为主成立相应的组织推进相关工作，如北京市和 2015 年前的上海市和广州市；另一类是成立相对独立的城市更新机构，尊重城市更新的目标多维性和过程复杂性，如深圳市、2015 年后的广州市和上海市。

表 4.3　典型城市建筑拆除决策职能部门设置及职责

城市	层次	职能部门	主要职责
北京市	主管部门	市重大项目指挥部	负责全市旧城区改建项目总体协调调度工作
	责任部门	区政府	负责本行政区域内旧城区改建房屋征收与补偿工作，做出房屋征收决定、补偿决定
	实施部门	区房屋征收部门	负责组织实施本行政区域内旧城区改建房屋征收与补偿工作

城市	层次	职能部门	主要职责
上海市 （2015年前）	主管部门	市房屋行政管理部门	负责本市房屋征收与补偿的业务指导和监督管理等工作
	责任部门	区政府	负责本行政区域房屋征收与补偿工作，做出房屋征收决定、补偿决定
	实施部门	区房屋行政管理部门	为本行政区域的房屋征收部门，负责组织实施房屋征收与补偿工作
上海市 （2015年后）	决策部门	市城市更新工作领导小组	负责领导全市城市更新工作，对全市城市更新工作涉及的重大事项进行决策。城市更新工作领导小组下设办公室，办公室设在市规划国土主管部门，负责全市城市更新协调推进工作
	主管部门	市规划国土主管部门	负责协调全市城市更新的日常管理工作，依法制定城市更新规划土地实施细则，编制相关技术和管理规范
		市相关管理部门	依法制定相关专业标准和配套政策，履行相应的指导、管理和监督职责
	实施主体	区县人民政府	指定相应部门作为专门的组织实施机构，具体负责组织、协调、督促和管理城市更新工作
广州市 （2015年前）	决策部门	市"三旧"改造工作领导小组	负责审议决定重大政策措施，审批整治改造规划和实施计划，审批"城中村"改造方案，研究决定其他相关重大事项
	主管部门	市"三旧"改造办公室（正局级）	负责制定出台全市"三旧"改造相关的配套政策，编制各区"三旧"改造年度计划，审核改造项目方案，集中办理"三旧"改造项目涉及市级权限范围内的立项、规划、国土房管、建设等各项审批、审核事项，实行"一站式"服务。审批拆除重建项目专项规划、拆迁补偿安置方案和实施计划
广州市 （2015年前）	实施部门	区政府	本区旧城更新改造的责任主体，负责改造前期摸查、编制改造方案和拆迁补偿安置方案、拆迁安置、行政强拆、建设本区就近安置房、土地储备整理、项目运作、建设管理、维护社会稳定等工作
	实施部门	房屋征收部门	拟定本行政区域内国有土地上房屋征收与补偿的有关规定，组织编制本行政区域内房屋征收规划和年度计划，组织有关部门论证和公布征收补偿方案，征求公众意见，举行听证会，对房屋征收进行社会稳定风险评估等，与被征收人签订补偿协议

续表

城市	层次	职能部门	主要职责
广州市 （2015 年后）	主管部门	城市更新局	完善政策、理顺机构职责、健全制度、制定城市更新规划计划、划定更新单元、审核改造方案、协调土地储备
	责任部门	区政府	负责改造前期摸查、编制改造方案和拆迁补偿安置方案、拆迁安置、行政强拆
	实施部门	区房屋征收部门	组织编制房屋征收规划和年度计划，组织论证征收补偿方案，与被征收人签订补偿协议
深圳市	决策部门	市城市更新领导小组	负责领导全市城市更新工作，对全市城市更新工作涉及的重大事项进行决策
	主管部门	市规划国土委员会	依法拟订规划土地管理政策，负责城市更新过程中的土地使用权出让、收回和收购工作，负责城市更新单元规划草案、城市更新年度计划的审议和核发批复
		市规划国土委员会直属管理局	受理拆除重建类城市更新单元计划、规划的审查工作，拟定城市更新年度计划
		市城市更新办公室	根据法定图则审定拆除重建类城市更新单元规划草案，受理建设用地方案图和建设用地规划许可证申请
	实施部门	区政府（管委会）	组织辖区内市政府确定由其实施的拆除重建类更新项目的实施，组织城市更新年度计划申报工作，提出辖区内的年度城市更新单元规划制定计划和城市更新项目实施计划，负责整理、汇总城市更新年度计划相关申报材料，向市规划国土委员会管理局申报纳入城市更新年度计划，核准改造实施实体

资料来源：作者整理。

（1）北京市组织结构设置

以北京市为代表的城市，设立旧城改造、棚户区改造和环境整治领导小组、指挥部及办公室。领导小组和指挥部办公室设在市重大项目办，市重大项目办承担领导小组和指挥部办公室的日常工作，会同市有关部门和单位按照任务分工和职责要求，研究制定工作方案并组织实施。为落实改造工作，建立协调联动的市区两级指挥体系，北京市旧城区改造实行属地负责制。各区县政府是改造工作的责任主体，负责在本行政区域内做出旧城区改建房屋征收与补偿的决定。区县房屋行政管理部门为本区县房屋征收部门，负责组织实施房屋征收与补偿工作。

（2）上海市组织结构设置

《上海市国有土地上房屋征收与补偿实施细则》规定区（县）人民政府负责本行政区域的房屋征收与补偿工作，区（县）房屋行政管理部门为本行政区域的房屋征收部门，把征收作为一种具体行政行为，避免建设单位负责房屋征收工作时与被征收人产生利益冲突。上海市目前没有专职的城市更新管理部门，城市更新决策和实施过程中会牵涉到国土、规划、房管、发改委等相关部门。2015年，上海市颁布了《上海市城市更新实施办法》，提出建立城市更新领导小组（图4.1），负责领导全市城市更新工作，对全市城市更新工作涉及的重大事项进行决策。市城市更新工作领导小组下设办公室，设在市规划国土资源主管部门，负责全市城市更新协调推进工作。

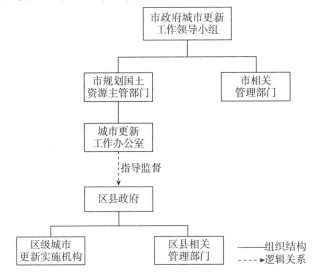

图4.1　上海市城市更新决策组织结构

资料来源：作者根据《上海市城市更新实施办法》绘制。

（3）广州市组织结构设置

2015年之前，广州市的拆除重建项目主要以"三旧"（旧城镇、旧厂房、旧村庄）改造模式进行。2009年，广州市出台了《关于加快推进"三旧"改造工作的意见》及相应的一系列政策，成立"三旧"改造办公室，改造工作也由旧城和城中村改造提升为"三旧"改造，改造范围和规模较以往更大。整个工作由市政府领导，市政府成立"三旧"改造工作领导小组，具体负责重大决策工作，市"三旧"改造办公室（正局级）负责制订出台全市"三旧"改造相关的配套政策，编制各区"三旧"改造年度计划，审核改造项目方案，集中办理"三旧"改造项目涉及市级权限范围内的立项、规划、国土房管、建设等各项审批、审核事项，实行"一站式"服务。各个区政府和房屋征收部门具体负责本区的"三旧"改造实施工作。2015年2月，广州市成立了全国首个城市更新专职管理机构——城市更新局，标志着广州城市更新工作迈入了一个新的阶段。从"改造"到"更新"，由原"三旧"改造办公室转变为城市更新局，意味着改造工作由原来的经济导向转变为更加注重社会经济的可持续发展，在推进城市更新的过程中，更加注重政府主导的成片连片改造、城市基础设施的配套和完善、历史建筑和文化的保护传承和城市的可持续发展，避免过度的大拆大建。广州市城市更新决策组织结构如图4.2所示。

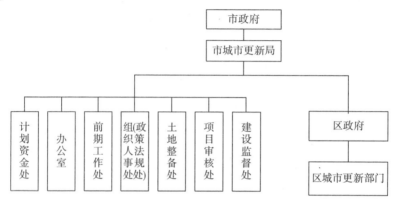

图4.2 广州市城市更新决策组织结构

资料来源：作者根据《广州市城市更新办法》（市政府令第134号）绘制。

（4）深圳市组织结构设置

从2009年开始，深圳市的建筑拆除项目多以城市更新的改造方式进行。根据《深圳市城市更新办法》《关于试行拆除重建类城市更新项目操作基本程序的通知》等文件的规定，在拆除重建类城市更新工作实施过程中，市规划国土主管部门是核心统筹部门，负责城市更新单元规划、城市更新年度计划的审议和核发批复，拟定相关土地政策。深圳市规划国土委员会下设直属管理局和市城市更新办公室，负责具体的功能改变和拆除重建类城市更新审查工作。区县政府主要推进本行政区内城市更新工作，组织城市更新年度计划申报、核准改造实施实体等，深圳市城市更新决策组织结构如图4.3所示。2019年，深圳市挂牌成立城市更新和土地整备局，接替市规划国土委员会各管理局，受理拆除重建类城市更新规划、计划的审查工作。深圳城市更新局和土地整备局作为政府的常设机构，其行政级别的提升，有利于城市更新工作持续、规范推进下去。

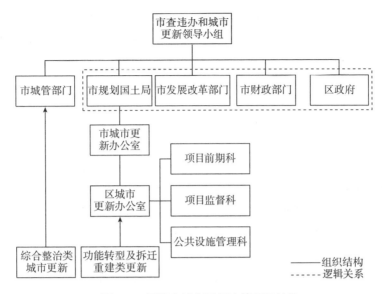

图 4.3 深圳市城市更新决策组织结构

资料来源：作者根据《深圳市城市更新办法》（市政府令第 211 号）绘制。

4.2.2 现存问题识别

通过对以上几个城市的研究发现，我国现行城市更新与建筑拆除组织机构设置主要有以下两方面问题。

（1）多数地区没有基于城市更新项目的特点设立专职的管理机构

城市更新是一项系统工程，涉及的更新对象的目标多样、相关主体多元、操作程序复杂，传统的城市改造组织模式以城市开发与经济发展为主要目标，不能适应目前城市更新项目的特点。城市更新项目涉及的政府职能部门众多，级别较低的机构难以组织协调其他部门，无法统筹管理整个城市更新过程。由于针对不同更新类别起主导作用的部门不同，所以在实施过程中容易出现部门职能交叉、审批程序繁杂、核准时间过长等问题，影响更新改造效率。而设立专职的城市更新管理机构，有利于统筹推进全市城市更新工作、协调利用各部门的资源、进而提升改造效率和质量。此外，成立专职的管理部门可以有效规范更新改造决策行为、负责决策效果。将城市更新作为一个城市可持续发展的有机组成部分，可以减少政绩工程、形象工程对科学城市更新的影响。

（2）缺乏相对独立的监督部门

从现行制度和组织结构来看，政府拥有城市房屋征收、房屋拆除和城市更新的主导权，在缺乏有效监管和制约的情况下，容易导致城市更新模式选择不当，也会导致建筑的不合理拆除。因此，在城市更新和建筑拆除决策程序中，应当考虑设立独立的监管部门对政府的决策行为加以监督，促使政府依法行使权力，确保政府决策的科学性和合理性。

4.3 拆除决策流程现状分析与问题识别

目前我国对于建筑征收及拆除的流程没有全国统一的标准，各省市以我国国有土地上房屋征收流程（图4.4）为基础，根据各地实际情况做了调整。在三个城市出台的城市更新办法中，只有深圳市在城市更新的配套政策法规中，对流程方面做了探索性的改进（图4.5）。

通过对北京、上海、广州和深圳等几个典型城市的房屋征收及拆除流程的分析和总结，可以发现国内城市在建筑拆除决策流程中普遍存在的一些问题，主要包括以下几个方面。

一是缺少建筑拆除决策评价环节与评价指标体系。通过对四个城市建筑拆除审批流程的研究可以发现，在各地房屋征收及拆除相关的规章条例中，尽管相关法规对于建筑拆除的申请制定了限制条件，但是缺少在拆除前对建筑的功能、结构、寿命以及历史文化价值等方面进行综合评估以确保拆除的合理性的论证环节。与修缮改造相比，拆除重建是更加简单直接的建设方式。在市场化运作的模式下，对于自主申请的建筑拆除项目，权利人或开发商大多追求的是经济效益，而不会过多考虑建筑剩余价值、公共利益和环境承载力等影响因素。同时，由于申请人的专业所限，也难以自主进行建筑拆除评估，因此造成了许多不合理的拆除。对于建筑拆除评估，已有地区做出了一定的探索，如《广州市历史建筑和历史风貌区保护办法》制定了文化遗产普查制度、预先保护制度。房屋征收部门在征收房屋前，应当向城乡规划主管部门确认该地块文化遗产普查情况，尚未普查的，不得征收房屋。这样的方式能有效避免在城市建设中不合理拆除导致的城市历史风貌的丧失，但是其局限性在于仅针对历史建筑制定了评估标准，保护的是建筑的历史文化价值，而对于普通建筑的结构、功能价值没有明确的评估标准。

二是一般兴建项目的立项决策程序不适用于城市更新项目。城市更新是对不满足城市发展需要、功能设施亟待改善的旧城区域进行拆除重建或修缮改造的改建活动，尤其是拆除重建类城市更新项目，因改造区域的复杂性和涉及主体的多样性，较一般的新建开发项目有很大的区别。但目前除了深圳市和广州市对拆除重建类更新项目做出明确规定，要求严格按照城市更新单

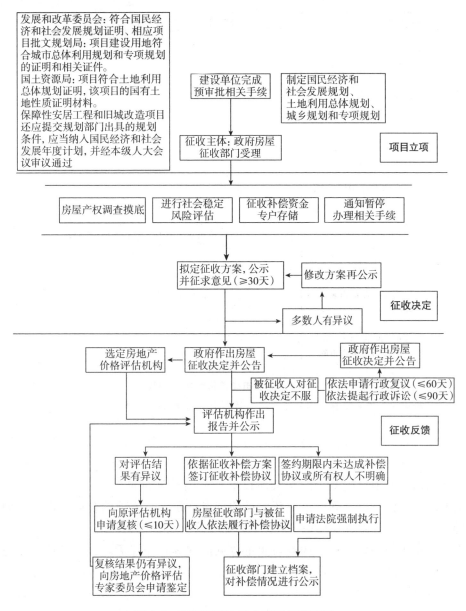

图4.4 我国国有土地上房屋征收流程

资料来源：尹波，狄彦强，周海珠，等．建筑拆除管理政策研究［R］．中国建筑科学研究院，2014：31．

元规划、城市更新年度计划的规定实施外，其他城市的拆除重建类城市更新项目的立项与拆除决策与一般新建开发项目一样，即在项目申请时向主管部

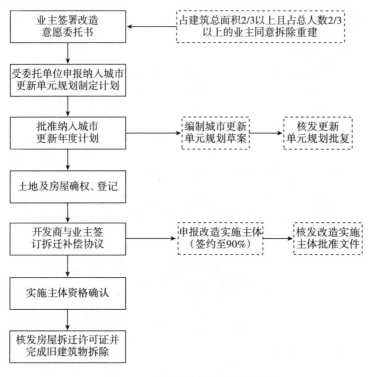

图4.5　深圳市建筑拆除决策流程

资料来源：作者根据《深圳市城市更新办法实施细则》绘制。

门提交符合国民经济和社会发展规划、土地利用总体规划、城乡规划和专项规划以及国民经济和社会发展年度计划的申请材料，完成审批手续即可立项。一般新建开发项目的立项决策程序仅审查了项目是否符合"四规划一计划"的要求，而没有考虑到城市更新项目的特点，缺少对立项的合理性进行充分的论证，容易导致在房屋征收和拆除过程中产生种种问题。

三是细致的建筑状况调查与业主意见征询等程序滞后。目前各地方法规对于建筑拆除中的摸底调查、业主意见征询和社会影响评估等问题已经做出了一些规定，如《北京市旧城区改建房屋征收实施意见》和《上海市国有土地上房屋征收与补偿实施细则》规定针对市内旧城区改建项目，实行二次征询制度，第一次是在改建计划确定之后进行的改建征询，第二次是在房屋征收补偿方案拟定后进行的方案征询。但是建筑的摸底调查、业主意见征询和社会影响评估等决策论证程序均处于项目立项之后，而不影响立项决定，无法对项目立项形成条件约束，失去了程序原本设定的意义。

四是缺少决策事后评估和问责机制。政府是房屋征收工作的决策者，房屋征收部门是房屋征收工作的执行者，政府机关在房屋征收工作中拥有绝对的权力，如在征地范围的划定、征地项目的审查、赔偿方案的拟定等方面都由政府机关主导。一方面，权力与责任不可分割，因此政府在实施其行政权力的同时必须承担起对应的行政责任，接受各方的监督和对其行政行为产生的后果加以评估和追责，使政府机关真正做到权为民所用。但目前的筑拆除决策程序中，尚未设立法定的监督机构和建立决策事后评估、问责机制，难以约束建筑的不合理拆除和操作中的违规行为，无法在决策出现失误后进行责任追究。另一方面，问责制度还应当包含公众参与，必须接受公众监督。但是在房屋征收及拆除过程中，公众实施监督权力和意见反馈方式有限，获取信息的滞后与不对等，申请复议和诉讼等程序复杂，难以形成对政府机关的有效监督和问责。

4.4　案例分析与验证

4.4.1　案例选取

本研究选取重庆市朝天门片区整体拆除再开发项目进行案例研究，主要有三个原因：一是该项目具有典型性。项目所在区位十分重要，属于城市的核心位置；既有建筑规模大，建筑类型丰富；既有建筑权属性质复杂，涉及的利益相关者众多。二是项目具有广泛的社会关注度。由于项目的位置特殊性和项目对于当地社会经济的巨大影响力，整个项目所在片区原有建筑拆除，新建项目的立项、规划、建设等过程都引起了社会的广泛关注，有大量的直接和间接报道，便于研究过程中的资料收集工作。三是项目具有很好的时效性。该项目所在片区初步规划形成于 2008 年，原有建筑于 2012 年开始拆除，整个新建建筑还处于施工过程中。该项目所处的时间阶段，正是我国城市更新逐渐大规模开展的阶段，该项目所反映的现状与问题具有明显的时代特征。

（1）项目拆除前概况

项目位于重庆市渝中区渝中半岛，地处嘉陵江与长江交汇处，是重庆市最重要的景观门户和最具活力的中央商业商务心区。项目所属管辖区朝天门街道占地范围 0.69 平方千米，户籍人口 4.3 万，常住人口 5.1 万。片区内原有朝天门综合交易批发市场，是全国十强大型日用工业品批发市场之一，也是西南地区重要的商品及物资集散地，2011 年商品交易额达 226.85 亿元。如图 4.6 和图 4.7 所示显示了项目片区拆除前后的巨大变化。

朝天门片区原建筑的类型主要包括办公写字楼、酒店、住宅、商业市场

图 4.6　项目片区建筑拆前的卫星图

资料来源：Google earth，2011 年。

图 4.7　项目片区建筑拆除后的卫星图

资料来源：Google earth，2015 年。

等。按照物业类型分类，商住混合楼宇占建筑数量的 71%，商业市场占 21%，其他类型占到 8%。被拆建筑中，重庆港客运大楼与重庆三峡宾馆建筑群，体量最大，使用寿命也最短，它们都曾经是重庆市的地标性建筑（见图 4.8）。重庆港客运大楼于 1996 年建成，总建筑面积 3.9 万平方米，共有 32 层，高度达到 110 米（图 4.8 中右侧建筑）。重庆三峡宾馆于 1992 年开始营业，并在 2005 年进行了二次装修，宾馆主楼建筑面积 15 000 平方米，共有 22 层，高 100 米，曾是重庆第一高楼，也是接待前往长江三峡的国内外游客的重要场所（图4.8中左侧建筑）。在该片区的更新过程中，所有的旧建筑均被拆除。图4.9显示了这一重要建筑群被爆破拆除的场景。

图4.8　重庆三峡宾馆与重庆港客运大楼

资料来源：新浪网。

图4.9　重庆三峡宾馆与重庆港客运大楼爆破拆除

资料来源：中国日报网。

（2）新建方案概况

朝天门片区整体拆除后，将建设重庆来福士广场项目。该项目投资额为210亿元，根据对项目业主调研获得的设计方案，该项目总建筑面积约113.43万平方米（含市政配套设施），其中地上建筑面积约91.67万平方米，地下建筑面积约21.76万平方米。项目由六座高层建筑和商业建筑组成，是集大型购物中心、高端住宅、办公楼、公寓式酒店和酒店为一体的综合体项目。图4.10为重庆市来福士广场设计效果图，总平面图如图4.11所示。新建方案与该地块拆除前的既有建筑对比，在建筑体量、物业类型等方面都发生了巨大的变化。新建方案地上总建筑面积为91.67万平方米,容积率为10.0,设计居住户数为1 473户,其中"商场+酒店+写字楼"物业类型占比高达39.4%;拆除前该地块地上总建筑面积15.92万平方米,容积率为1.7,总户数322户①,其中"商场+酒店+写字楼"物业类型仅占8%。

图4.10　重庆来福士广场建筑设计效果图

资料来源:项目业主调研资料。

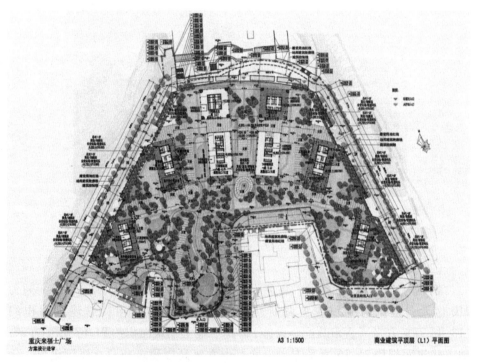

图4.11　重庆来福士广场建筑总平面图

资料来源:项目业主调研资料。

---

① http://www.cqyz.gov.cn/web1/info/view.asp? NewsID=44835。

4.4.2　案例研究方法

（1）现场实地调研

为了收集到更多的重庆市朝天门片区整体拆除再开发项目原始资料，作者进行了四次实地调研，获取了项目的区位、周边物业情况以及项目现状的图片资料等。同时，也对周边的居民进行了访谈，获取了大量一手资料。

（2）利益相关者访谈

作者对四类具有重要意义的项目利益相关者进行细致的访谈，为了保护被访者的隐私，在这里隐去了利益相关方的具体名称。项目开发公司，是一家具有国际影响力的公司，它为该项目的开发专门设立与当地公司合营的项目公司。通过对该公司的访谈，获取了朝天门重建项目规划方案等原始资料以及关于项目决策过程中业主方的主要诉求。规划设计咨询公司，是一家参与项目所在片区更新规划的外资设计咨询企业。作者从该设计咨询公司详细了解到整个片区更新规划、城市设计的招投标过程，中标方案的主要特点，以及具体开发实施方案与原有规划方案的区别。项目协调工作办公室，是项目所在区级政府为了使该项目能够顺利推进，专门设立的项目协调工作机构。负责协助解决项目实施过程中出现的各种问题，包括该片区的原有居民拆迁工作等。对于被拆迁居民，作者通过片区拆迁机构组织了被拆迁居民代表的座谈会，深入了解他们对于该片区拆除改造的意见，以及对新建方案和拆迁方案的意见。

（3）专家访谈

该片区的更新与改造活动在重庆市引起了社会各界的高度关注。为了收集具有代表性的专业意见，作者对当地10名资深的城市建设专业人士进行了访谈，在深入了解他们对该片区改造项目意见的基础上，也请他们对重庆市城市建筑拆除决策的总体情况发表意见。10名受访专家中，包括城市规划专家2名、建设项目决策咨询专家2名、高校教授3名，政府建设管理者3名。

4.4.3　朝天门拆除决策机制分析

通过资料收集、实地调研和利益相关者访谈，对重庆市朝天门片区拆除重建项目实施中采用的既有建筑拆除决策机制进行系统的分析和总结。根据前述分析结果，既有建筑拆除决策机制主要包括了政策法规等全面拆除更新的决策依据、负责决策的全面拆除改造决策组织机构及职责分布、建筑拆除决策流程等三个方面。

（1）全面拆除更新的决策依据

朝天门片区实行全面拆除改造依据的主要政策法规与政府文件如表4.4

所示。由此可见，重庆市针对城市更新并未出台成体系的配套政策法规，朝天门片区更新是重庆市城市总体规划的需求，同时又纳入了重庆市主城区危旧房改造的范围，将危旧房改造的相关管理办法和条例作为该项目实施的法定性依据。其中涉及征收补偿的工作，则按照相关的房屋征收和补偿条例进行。《关于加快主城区危旧房改造的实施意见》中明确提出要按照"一个主体、三个捎带"（"主体"是指主城区内2007年底前经危房鉴定机构确认的危房和1969年12月31日前建成投入使用的旧房；"捎带"是指违章建筑、内环范围的"城中村"和按规划红线需要与"主体"部分一并拆除的1969年底后建成的房屋）的原则确定危旧房改造片区的总体规模和拆迁红线。严格控制"主体"量与"捎带"量的比例，捎带房屋的数量严格控制在各区拆除危旧房屋数量的50%以内。该原则旨在防止危旧房改造过程中既有建筑的无限制拆除。重庆市的危旧房改造仍处在初级的旧城改造阶段，其目的和意义是改善居民住房条件；提升城市形象、改善城市品质；调整经济结构、提高土地利用效率。相较于城市更新，其更强调对物质环境的更新，而对社会、文化、环境等可持续发展关注较弱。因此被认定为危旧房的既有建筑，主要采用拆旧建新的更新方式。此外，由于捎带量的规定并没有基于既有建筑自身的综合状态评估，导致了拆除量和拆除范围确定过程中，大量功能健全、质量较好、建成使用年限较短的建筑由于主观因素被拆除。

表4.4 朝天门拆除重建决策依据

序号	拆除决策法律政策依据
1	《重庆市国有土地上房屋征收与补偿办法》（2011年）
2	《重庆市城市房屋拆迁管理条例》（2007年）
3	《关于加快主城区危旧房改造的实施意见》（渝府发〔2008〕36号）
4	《关于主城区危旧房拆迁补偿安置工作的指导意见》（渝府发〔2008〕37号）
5	《关于调整征地补偿安置政策有关事项的通知》（渝府发〔2008〕45）
6	《重庆市城市总体规划（2007—2020年）》等相关规划资料

资料来源：作者整理。

（2）全面拆除改造决策组织机构及职责分布

朝天门片区改造开发项目属于重庆市重点项目，其组织管理结构是一个指挥部式机构（图4.12）。市领导小组依据项目所在区域的情况、重庆市的发展计划和相关法规对项目做出最终决策，并将决策指令下达区政府。区政府负责执行市领导小组下达的指令，委派区房管部门对项目建筑情况进行摸底，委派拆迁公司对片区既有建筑具体实施拆除。市重点项目协调办公室服务于市领导小组，由各市相关职能部门抽调人员组建，负责协调建委、房管、市政、规划、消防等市级部门来解决项目审批过程中遇到的问题。项目所在区也成立了专门的项目协调工作办公室，负责协助解决项目实施过程中出现的各种问题。区拆迁办公室负责朝天门拆迁工作。

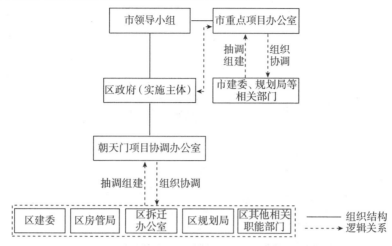

图4.12　朝天门建筑拆除决策组织结构

资料来源：作者根据"朝天门项目协调办公室成员访谈资料"绘制。

通过对朝天门片区建筑整体拆除决策过程的详细分析可以发现，整个过程具有明显的政府主导特征。作为市级重点项目，市级部门首先确定了整个片区改造的初步方案，在与投资者达成初步协议后，正式开始片区的拆迁工作。虽然在改造方案的制定阶段，听取过一些专家的意见，但是最终决策仍然是通过政府工作会议的形式加以确定。在与开发商达成意向后，项目具体推进的指令下达区级政府，区政府负责整个项目的管理与协调工作。为了该项目的顺利推进，市级层面成立重点项目协调办公室，负责协调市级建委、市政、规划、消防等市级部门来加快解决项目审批过程中遇到的问题。区级政府也专门成立项目协调工作办公室，负责协助解决项目实施过程中出现的各种问题和加快推进片区既有建筑的拆除工作。以政府成立专门项目协调办公室的方式推进该项目的前期工作，既说明了对该项目的高度重视，也反映了政府主导片区改造工作的特点。

（3）建筑拆除决策流程

如图4.13所示，重庆市拆除重建项目依照现行项目立项审批流程来进行审批立项，缺乏对城市更新项目的具体指导意义。通过案例研究了解到，在重庆市，无论是重点拆迁改造项目立项，还是危旧房改造项目立项，在做出整体拆除决策时仅需要提交符合"四规划一计划"的证明材料，即可完成立项审批。"四规划一计划"是指国民经济和社会发展规划、土地利用总体规划、城乡规划和专项规划以及国民经济和社会发展年度计划。这五个最重要的决策依据都是一个区域宏观层面或者是战略层面的计划，并不能对具体的更新片区或者更新项目有实际指导意义。通过对案例所在区域的"四规划一计划"的分析，可以发现这些文件对该片区更新方案的具体决策没有实际意义的具体约束。受访专家也指出，一旦政府有整体拆除的意向，如果与这五个决策依据有冲突，也可以通过修改相关规划和计划的方式得以通过决策。

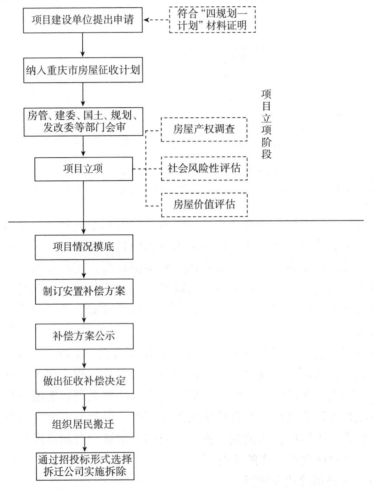

图4.13　朝天门项目房屋征收与拆除流程

资料来源：作者根据《重庆市国有土地上房屋征收与补偿办法（暂行）》、"项目协调工作办公室访谈资料"绘制。

从图 4.13 中还可以看出，朝天门拆除重建项目虽然也了解了原业主建筑拆除意愿，也会对片区内的既有建筑进行逐一的情况调查，还会对拟建项目进行社会影响评估，但是这些环节却在项目决策立项之后。这个阶段的既有建筑情况调查的目的非常明确，就是为实施整体拆除的决定而做准备工作，片区的整体拆除已经进入实施阶段。在实践中发现，项目一旦完成立项审批程序，即使在后续的征求意见阶段和建筑评估阶段，原有业主有不同的意见，被拆除的建筑还具备很好的使用功能，也很难以让已经立项的项目决策被撤销或者进行大幅度的方案修改。因此，项目立项审批后再对既有建筑进行细致的评估和征求原业主意见的工作，对于决策是否选择整体拆除既有建筑的城市更新方案失去了意义，基本不能对不合理的建筑拆除进行约束和改变。

4.4.4　朝天门项目拆除决策后评估

采用实地调研、专家访谈及各利益群体的座谈会，对朝天门更新片区的拆除重建决策进行后评估，总结出了由于现行建筑拆除决策机制的不完善而导致项目实施过程中实际存在的问题。

（1）片区整体拆除改造决策前对既有建筑的情况缺乏细致的调查

科学的决策需要充分了解对决策对象的实际情况，才能避免决策风险，提高决策的质量和效率。在朝天门片区的城市更新案例中，相关部门在做出全部拆除决策之前，并没有对片区内既有建筑的情况进行细致的调研与评估，也没有对是否应该保留有价值的建筑进行专题调研。这一环节的缺失，虽然加快了前期的建筑拆除进度，但是也导致项目在建设过程中出现了系列问题。这些问题中最为突出的是"古城墙"事件。2015 年 6 月，项目在施工过程中，在基地内挖出宋元两代的古城墙遗址（图 4.14）。这是重庆主城首次发现南宋古城墙，该古城墙是属于国家文物，具有极大的文化价值。由于重庆文物保护志愿者服务队发起了保护古城墙活动以及建设方案不符合《重庆历史文化名城规划》的要求，项目的继续建设

图 4.14　片区内宋明两代古城墙遗址
（近处为宋代城墙，远处是明代城墙）
资料来源：《重庆晨报》。

受到了重庆市民众的质疑，项目被迫停工，引起了不良的社会反应。案例研究发现，对改造片区的实地情况缺乏细致的调研就做出整体全面拆除的改造决策，是现行城市更新活动中一种较为普遍的现象，已经在很多项目中引起了不良的后果。

（2）缺乏对既有建筑合理利用的论证

对城市既有建筑的保护再利用，不仅起到节省资源、保护环境的作用，还对城市文化保护具有重大的意义。在朝天门片区整体拆除改造方案中，有大量使用功能正常的建筑被一并拆除。其中，原有重庆港客运大楼与重庆三峡宾馆这两栋建筑使用寿命不足 20 年，与它们设计使用寿命 100 年相差很远。不仅如此，它们曾是代表重庆市的标志性建筑，承载了重庆市的城市记忆，具有重要的历史文化意义。在案例研究过程中，所有被访者均对该片区建筑采用粗放的整体拆除方式表示了惋惜。同时被访者也反映，在做出整体拆除改造决策的过程中，参与决策的部门没有足够的意识对既有建筑的改造再利用进行认真的论证。案例研究表明，除了特殊的历史建筑，采取整体拆除重建的方式对既有城区进行更新，是目前重庆市最为主要的城市更新方式，这种方式可以实现城市的快速发展与短期经济效益的最大化。参与案例研究的规划专家指出，该片区采用的更新模式明显与"有机更新"的理念相违背。并建议从历史保护的角度，在维护城市整体性、注重城市历史文化保护的基础上，进行适度规模的渐进式改造，充分考虑具有利用价值的既有建筑的再利用。

（3）经济因素是决定该片区实施整体拆除更新的最重要因素

从对项目各利益相关方的访谈和项目开发方提供的立项申请报告可以看出，对朝天门片区实施整体拆除重建的最重要原因是经济因素。虽然在项目的立项报告中，也分析了资源能源消耗、生态环境影响、社会影响等综合因素，但这些分析都是为了满足立项需要而进行的"格式化"工作，对整个项目的批复并没有实质的影响。

从当地政府的角度，对朝天门片区实施整体拆除，主要目的是拓展城市商业中心区域面积，实现第三产业的升级。由于项目所在区域为重庆市传统历史商业区，区域经济长期依赖以商贸、金融为主的第三产业，经过多年的发展，区域内可用于拓展的空间十分有限。朝天门片区原有空间主要用于较为低端的商业批发市场，物业类型多为市场、仓库、低端宾馆和一般住宅。当地政府十分重视该片区改造的经济意义，为了发展经济而引入外商投资。在当地政府发布的《重庆市渝中区国民经济和社会发展第十二个五年规划纲要》中，对该片区的规划定位是：加快朝天门片区拆迁改造，完成朝天门市场功能置换、异地发展，建设"重庆之门、西部之窗"等标志性建筑，集聚国内外知名的金融、商贸、办公等总部机构。为了引入外商投资，加快片区改造，实现经济发展的目标，当地政府不仅主导和加速了整个建筑拆除、原居民的安置过程，还直接对整个片区的拆迁工作进行了资金补偿。据调查，该片区实施建筑整体拆除的成本将近70亿元人民币，而该地块的出让价为65亿元人民币，当地政府直接的账面补偿达到5亿元人民币。正是将尽快实现经济发展和税收回报作为最重要的考虑因素，导致对该片区实施整体拆除改造的方式成了必然选择，而对资源环境保护、历史文化传承、原住居民的意愿、新建方案合理性的考虑都不够重视。

从开发商的角度看，对朝天门片区投资改造的根本目的是要实现满意的投资回报。朝天门片区位于城市商业核心区域，地处嘉陵江与长江交汇处，是重庆市最重要的景观门户和最具活力的中央商务核心区，区位十分优越，具有极高的土地价值。开发商对该片区的投资预计为210亿元，为了有效地收回投资，开发商经过与政府的多轮协商，修改了该片区原有的控制性详细规划，将该片区拆除后新建的总建筑面积从70万平方米调整到110万平方米。同时，为了尽快收回投资，实施对片区既有建筑的整体拆除，加快建设速度是开发商的最优选择。

基于以上两个角度的分析可以发现，在经济因素主导的情况下，城市更新过程中采用政府主导的整体建筑拆除，将导致忽视社会、文化、环境等方面的可持续发展。

4.4.5　案例分析小结

本节选取重庆市在城市更新过程中采用既有建筑整体拆除重建模式的典型项目作为研究案例，通过资料收集、实地调研、利益相关者和专家访谈的方法，对该项目实施中既有建筑拆除的法规依据、决策流程与组织结构等方面予以客观全面的分析。在此基础上，对该项目的决策效果进行后评估，发现了现有城市建筑拆除决策机制下导致的系列问题，包括拆除改造决策前对既有建筑的情况缺乏细致的调查，对既有建筑的合理利用缺乏论证，经济因素是决定该片区实施整体拆除更新的最重要因素、传统的建设项目决策依据与流程不能适应城市更新项目的特点等，较好地验证了前述从宏观层面识别出的我国目前各地在城市既有建筑拆除决策机制中存在的不足。

4.5 本章小结

本章通过研究现有相关法律法规，识别目前关于建筑拆除的法律法规存在的一些典型问题，包括条文规定不明确、可操作性不强、针对性不足、执行力度不够；公共利益和非公共利益界定模糊；行政部门主导城市建筑拆除的决策与实施，决策过程群众参与不足，缺少有效的监督和制约。通过对北京、上海、深圳、广州等城市更新实践的研究，发现我国现在多数省市没有设立基于城市更新特点的专职管理机构，也没有明确相对独立的监督问责机制。在建筑拆除的决策流程方面，存在的问题包括：缺少建筑拆除决策指标体系，现有新建项目的立项程序不适用于城市更新项目，事前缺乏建筑状况调查与业主意见征询程序，也缺少决策事后评估和问责机制。这些法律法规、组织结构和决策流程方面的问题都是导致我国大量建筑被不合理拆除的重要原因，也是建筑拆除决策机制构建中应重点解决的问题。

在系统分析我国城市更新中既有建筑拆除决策机制实施现状并识别出现存关键问题的基础上，选取重庆市典型城市更新案例验证上述分析结果。案例研究结果发现，重庆市现有城市建筑拆除决策机制中存在政府主导建筑拆除的决策与执行过程，缺乏拆除重建项目立项前的建筑状况评估环节，决策依据不具实际指导意义等问题。这些因素导致了项目实施过程中的系列问题，包括拆除改造决策前对既有建筑的情况缺乏细致的调查，对既有建筑的合理利用缺少论证，经济因素是决定该片区实施整体拆除更新的最重要因素等。验证了我国建筑拆除决策机制在决策依据、决策组织结构、决策流程方面存在关键内容的缺失和不完善。

5　建筑拆除决策优秀经验借鉴

　　城市既有建筑的拆除是城市更新的有机组成部分，城市更新的决策机制包含了建筑拆除的决策机制。在充分识别我国建筑拆除决策机制现状及现存的问题的基础上，借鉴先进国家和地区在城市更新及既有建筑拆除决策实践中的优秀经验，对完善我国城市更新背景下既有建筑拆除决策机制具有实践指导意义。英国和美国作为西方城市更新的典型代表，在城市更新和建筑拆除决策方面积累了大量的实践经验。新加坡、中国香港地区作为亚洲的发达国家和地区，先于中国大陆完成了城镇化进程，建立了成熟的城市更新决策和建筑拆除决策机制，并拥有较多优秀的实践经验。相较于西方国家，由于城市居住模式、建筑密度、土地稀缺等背景因素的相似性，新加坡和中国香港地区的实践经验对中国大陆在建筑拆除决策机制的构建和完善方面具有更大的借鉴意义。因而，本章综合选择了英国、美国、新加坡和中国香港地区作为研究对象，基于文献研究和专家访谈，从城市更新与建筑拆除决策的相关政策法规、组织结构、决策流程、决策依据等方面总结出城市更新中建筑拆除决策机制构建的优秀经验，为完善我国建筑拆除决策机制提供具有现实意义的参考。

5.1　英国经验借鉴

　　英国的城市更新始于 20 世纪 30 年代的清理贫民窟计划，此后城市更新工作持续推进，呈现不同的主导方向[194]。20 世纪 70 年代开始，英国城市更新的目的转变为促进产业转型与经济社会发展。从 20 世纪 90 年代开始，英国政府提出了全方位的、基于多方合作伙伴制的城市复兴行动计划。随着城市更新理念和模式的转变，既有建筑的拆除决策机制也随之发生了改变，从原先偏重物质更新的大规模拆除开始往既有建筑的保护和再利用转变，使城市既有建筑的寿命得到了合理的延长。

5.1.1 政策法规

英国在城市建设与管理领域最基础的法规体系是城乡规划法规体系，其作为最早开展城乡规划立法的国家，建立了包括基础法规、附属法规和专项法规在内的完整的规划体系（表5.1），该体系将城市建设前期规划提升到了极其重要的层面，从而科学合理地阻止了既有建筑由于规划的缺陷而引起的不合理拆除，从源头上遏制了拆除的产生和泛滥。

表5.1　英国城乡规划法规体系

法规体系	法规条目
基础法规	《城乡规划法》（1947年）
附属法规	《用途分类规则》（1987年）、《一般开发规则》（1987年）
专项法规	《新城法》（1946年）、《国家公园法》（1949年）、《地方政府、规划和土地法》（1980年）

资料来源：尹波，狄彦强，周海珠，等．建筑拆除管理政策研究［R］．中国建筑科学研究院，2014：31.

自从城市更新实施以来，英国就注重配套政策法规体系的建立和完善[195]，先后出台了《综合发展地区开发规划法》（1947年）、《城市再发展法》（1952年）、《内城地区法》（1978年）等城市更新专项法规以及《历史建筑和古老纪念物法》（1953年）、《劳动者居住法》（1980年）等其他配套法规，法规体系随着城市更新理念与模式的转变而不断完善。同时，英国在城市更新配套政策的建立过程中，注重与城市发展规划的科学对接，将其作为城市规划体系的有机组成部分，有效防止了城市更新的短视性。

从城市更新政策的变迁（表5.2）可以看出，英国城市更新已经从大拆大建阶段过渡到了以振兴区域发展为核心的"城市再生"阶段，该阶段强调"经济、社会和环境"的综合性更新，鼓励公私合作、多方参与，并多以社区为更新的主体。现阶段，在进行城市更新决策时，英国主要采用了"匮乏指数"作为重要评价依据，该指数由英国社区和地方事务部制定，用于综合性地评判区域的衰败情况，从而选择需要进行城市更新的区域，旨在通过城市更新，振兴衰败地区，提升其综合竞争力。以可持续发展作为城市更新的理念，并以定量化的标准体系作为决策的依据，从决策技术支持系统角度保证建筑拆除决策的科学性，从而有效防止了既有建筑的大规模拆除。

表 5.2 英国城市更新政策及法律法规

时间	城市更新政策	法律法规
20 世纪 40 年代	城市中心区改造与贫民窟清理，振兴城市经济和解决住宅匮乏问题	《城乡规划法》（1947 年） 《综合发展地区开发规划法》（1947 年）
20 世纪 50 年代	建立法令法规，奠定城市更新法律基础	《城市再发展法》（1952 年） 《历史建筑和古老纪念物法》（1953 年）
20 世纪 60 年代	政府主导的综合性改造，以大城市、大规模项目为主	《宁适法》（1967 年） 《城乡规划法》（1968 年） 《住房法》（1969 年）
20 世纪 70 年代	中央政府放权和引入私有资本，地产导向的城市中心区的更新	《城乡规划法》（1971 年） 《住房法（修订）》（1974 年） 《内城地区法》（1978 年）
20 世纪 80 年代	以市场为主导、以引导私人投资为目的、以房地产开发为主要方式、以经济增长为取向的模式	《劳动者居住法》（1980 年） 《地方政府、规划和土地法》（1980 年） 《城乡规划（赔偿）法》（1985 年） 《城乡规划法（修订）》（1985 年） 《住房规划法》（1986 年） 《地方政府与住房法》（1989 年）
20 世纪 90 年代以后	鼓励公私合作，强调社区参与，建立三方合作关系，强调经济、社会和环境等多目标的综合性更新	城市白皮书《我们的城镇：迈向未来城市复兴》（2000 年）

资料来源：汤晋，罗海明，孔莉. 西方城市更新运动及其法制建设过程对我国的启示［J］. 国际城市规划，2007，22（4）：33 – 36.

5.1.2 组织结构

在英国，与城市更新中既有建筑拆除决策相关的组织机构按决策的阶段可分为两类：一是城市更新机构，负责基于区域或社区的城市更新决策和管理，评估区域发展现状，明确区域发展和更新的目标，确定更新策略和模式，并实施城市更新项目；二是建筑拆除管理部门，负责基于单体建筑的拆除决策，编制拆除规划，审批拆除申请，并对拆除行为进行监督。

（1）城市更新机构及职责

英国的城市更新机构按照职责分为主管部门和实施主体，主管部门包括了国家政府的社区和地方事务部、区域政府和机构、地方政府，实施主体包括了城市开发公司、英国合作团体和城市重建公司，六个部门的主要职责分别如下[194]。

国家政府的社区和地方事务部：负责制定国家规划政策指引，另外一个核心职能为制定匮乏指数评价指标及测定各区域的匮乏指数并编制报告。

区域政府和机构：负责编制区域空间战略，明确区域或次区域的发展政策，明确本区域的发展目标和指标，编制区域发展规划。

地方政府：负责编制地方发展框架，制定地方匮乏指数评价指标，并定期测度匮乏指数，形成报告。

城市开发公司（实施主体）：由来自商业领域的董事会控制，只对中央政府负责，在土地征用及公共土地授权方面享有权力。除威尔士外，还拥有审批其开发范围内的规划申请、执法等地方政府的开发控制职能，不受地方政府控制。

英国合作团体（实施主体）：成立于1993年，是城市重建局和新镇委员会的执行机构，是非政府机构。一般通过与区域发展机构、地方政府合作建立开发合作团体，对房屋进行改造和再开发，对空地、废弃地和棕地进行再利用，为工商业、娱乐游憩活动和住房提供空间。合作团体在以地区为基础的更新中发挥了重要的作用。

城市重建公司（实施主体）：这些公司由地方政府、区域发展机构、其他商业和社区利益分享者组成的合作伙伴关系组成。重建公司的主要职能包括为本地服务提供更行之有效的管理，作为开发机构致力于当地经济发展，为地方政府提供政治上的支撑。城市重建公司作为地方性的开发公司，拓展了地方的制度潜能，以便提供更有效的服务。

（2）拆除管理部门及职责

英国既有建筑拆除管理部门职能梯次分明、责任明确，从国家到区域再到郡、市、区，权力从属关系明确，分工细致[196]，各部门及其职责如表5.3所示。同时，英国注重既有建筑拆除过程的监督，成立城乡规划督察员组织对拆除行为进行监督和调查。

表5.3　英国建筑拆除决策部门及职责

职能部门	管理层次	主要职责
副首相办公室	国家规划政策	制定拆除立法计划或框架；公布国家规划政策；批准区域规划政策；受理对地方规划机构拆除申诉；直接接受拆除申请等
各区域政府办公室	区域规划	提出综合考虑土地利用、交通、经济发展以及环境问题的战略规划；与经济和其他战略相衔接；规定地方开发规划的框架
郡、市、区规划部门	发展规划	编制拆除规划；审批拆除许可申请

职能部门	管理层次	主要职责
城乡规划督察员组织	规划监督	处理有关强制执行的申诉、对地方拆除行为组织调查

资料来源：尹波，狄彦强，周海珠，等. 建筑拆除管理政策研究［R］. 中国建筑科学研究院，2014：31.

5.1.3 决策流程

英国关于城市更新中既有建筑拆除的决策流程可以分为两个主要的环节，一是基于区域的城市更新决策流程，二是基于单体建筑的拆除审批流程。从区域到单体建筑，形成了一个完整的决策框架。

（1）城市更新决策流程

英国每个地区的城市更新决策流程有所差异，但关键环节基本相同，本研究根据北爱尔兰社会发展部于2013年公布的《城市复兴和社区发展政策框架》，绘制出了城市更新决策流程图（图5.1）。根据图5.1可知，城市更新

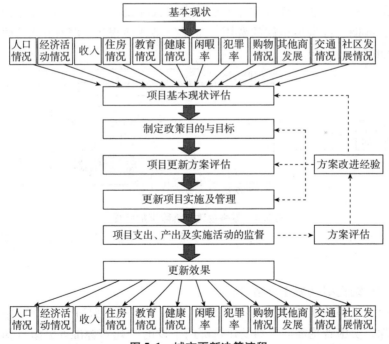

图5.1 城市更新决策流程

资料来源：作者根据 *Urban Regeneration and Community Development Policy Framework* （2013年）绘制。

决策流程主要包括了项目基本现状评估，制定政策目的和目标，项目更新方案评估，更新项目实施与管理，项目支出、产业及实施活动的监督，更新效果六个环节，形成了一个闭合式的决策流程。此外，该决策流程是一个动态决策的过程，不断基于经验在各个阶段改进实施方案，同时，又基于项目实施的监控结果来不断完善经验。

（2）既有建筑拆除审批程序

英国的既有建筑拆除审批的对象为单栋建筑。全国各地的建筑拆除审批程序有所差异，本研究选取了苏格兰和北拉纳克郡（属于苏格兰）两个地区作为典型代表进行深入分析。

①苏格兰

苏格兰的建筑拆除审批主管部门是城市规划局。为有效避免建筑的随意拆除，延长其使用寿命，对于出现质量问题而影响安全及使用的房屋，规划局要求业主优先采用技术维护的方式对其进行修复，若通过维护使其恢复使用功能，则该建筑无需拆除；若经过技术维护，建筑仍未能恢复安全状态，则该建筑的业主可向规划局申请拆除。业主申请建筑拆除时，须向规划局提供必要的资料，包括：有关部门出示的房屋状况说明，专业机构提供的拆除建议书，前期进行房屋维修的费用，房屋价格评估报告。具体的建筑拆除审批流程如图5.2所示。

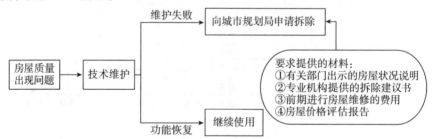

图5.2　苏格兰建筑拆除审批流程

资料来源：李军，丁宏研. 境外建筑拆除管理的经验及对我国的启示 [J]. 建设科技，2014（17）：72–74.

②北拉纳克郡（属于苏格兰）

北拉纳克郡的既有建筑拆除审批核心部门为其规划部门。对于大部分建筑的拆除，实施者均需向规划及建筑部门下设的"建筑标准办公室（Building Standards Office，BSO）"进行"建造令（Building Warrant）"的申请，仅有少数情形下可免除建造令申请程序，如建筑出现质量问题危及安全急需拆除。由于建造令申请的要求较为复杂，实施者在正式申请之前可进行一次预申请。

根据预申请。BSO 将对其是否需要建造令申请进行判断。在确定需要申请建造令后，实施者将提交正式的建造令申请。为保障申请评估的合理性，BSO 要求申请者在提交申请表的同时，需提交相应的一系列计划，包括建筑所处区域的规划图、建筑所在地的平面图、未来建筑修建计划（若有）[197]。根据基础资料及相应考察，BSO 将做出最终决策，详细流程见图 5.3。

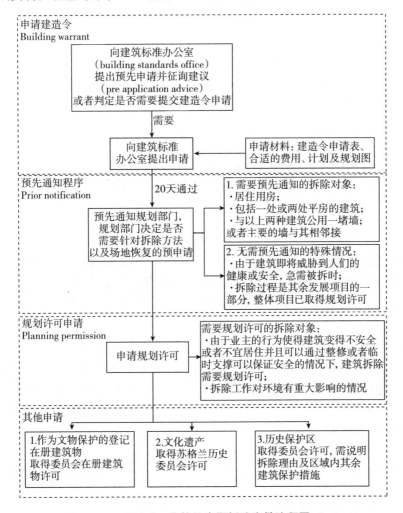

图 5.3　北拉纳克郡拆除审批流程图

资料来源：作者根据 *Demolition Permission and Approval*（2015 年）绘制。

对于少数建筑，除建造令的要求外仍需规划申请，根据要求的不同，规划申请分为两种形式：预先通知（申请）和规划申请。对于预先通知，规划部门将仅仅对其拆除实施方式及拆除后的场地情况进行考量，要求低于规划许可申请。另外，历史建筑物拆除申请还需额外向历史保护部门进行许可申请。详细的许可申请要求如表5.4所示。

表5.4　建筑拆除相关许可及申请说明

特殊情况	许可要求
需要预先通知的拆除对象	居住用房
	包括一处或两处平房的建筑
	与以上两种建筑公用一堵墙或主要的墙与其相邻接
无须预先通知的特殊情况	由于建筑即将威胁到人们的健康或安全，急需被拆时
	拆除过程是其余发展项目的一部分，整体项目已取得规划许可
作为文物保护的登记在册建筑物	取得地方委员会在册建筑物许可
文化遗产	取得苏格兰历史保护部门许可
历史保护区内建筑	取得委员会许可，需说明拆除理由及区域内其余建筑保护措施

资料来源：作者根据 *Demolition Permission and Approval*（2015年）整理。

5.1.4　评价指标体系

匮乏指数（Index of Multiple Deprivation）是英国建筑拆除决策机制中核心的决策评价指标体系。该评价体系立足于区域发展评估，作为决策依据应用于城市更新目标制定和决策效果评价阶段，贯穿了城市更新决策和更新项目实施的全过程。

匮乏指数是对英国发展较为落后区域的发展情况的综合评判指标。"匮乏"是一个广泛的概念，指由于缺乏各方面的资源引起需求未能得到满足，匮乏评价包括了经济、社会、环境三个维度。就国家层面制定的标准（DCLG）[198]而言，匮乏指数总共包括7个方面、38个指标，其中一级指标及其权重如表5.5所示。

表5.5　匮乏指数2010评价指标权重（国家层面）

评价指标（一级指标）	权重（%）
收入匮乏指标（Income Deprivation Domain）	22.5
就业匮乏指标（Employment Deprivation Domain）	22.5
健康匮乏及残疾指标（Health Deprivation and Disability Domain）	13.5
教育、技能及培训匮乏指标（Education, Skills and Training Deprivation Domain）	13.5
住房和服务障碍指标（Barriers to Housing and Services Domain）	9.33

评价指标（一级指标）	权重（%）
犯罪率指标（Crime Domain）	9.33
生活环境匮乏指标（Living Environment Deprivation Domain）	9.33

资料来源：根据 *The English Indices of Deprivation*（2010 年）整理。

在具体城市更新项目决策和实施中，不同地区或城市可结合自身情况，参照国家标准，制定适用于本地区的匮乏指数，进而设立具有差异化的城市更新目标。通过对比北爱尔兰、苏格兰与威尔士的城市更新目标体系（表 5.6）发现，不同地区的城市更新目标和内容有一定的区别，但主体上趋于一致，主要包括就业情况改善、减少犯罪、改善健康状况、提升教育水平、增加社区活力、改善环境六方面。

表 5.6 城市更新目标体系

北爱尔兰	苏格兰	威尔士
就业能力（失业情况）	打造强有力的，安全的以及有吸引力的社区：阻止犯罪，减少犯罪的担忧，减少金融排斥以及债务	就业及商业情况
犯罪率		教育和训练
健康状况	增加就业率	环境
教育状况	改善健康状况	健康与幸福水平
自然环境（包括住房）	提升受教育程度：增强自信心与技能水平	有活力的社区
社区/娱乐	吸引年轻人	犯罪与社区安全

资料来源：作者根据 *The English Indices of Deprivation*（2010 年）整理。

5.1.5 经验总结

英国的既有建筑拆除决策与城市更新决策紧密结合，有着完善的决策机制，总结其经验，主要有如下五个方面：一是城市规划制定程序谨慎而严格，将城市更新纳入城市规划体系，使城市更新与城市建设和发展充分融合，从事前的角度避免了既有建筑的不合理拆除；二是针对城市更新设立完善的配套政策法规，法律层面规范了城市更新和建筑拆除活动；三是设立了城市更新专职管理机构，决策各阶段有清晰的责任部门；四是决策流程分为城市更新决策和建筑拆除审批两个部分，对拆除重建类更新项目中的既有建筑拆除进行严格控制，要求维护失败的前提下才能申请拆除；五是英国城市更新事前有清晰多元目标体系设置，保证了整个城市更新活动的导向性。同时，注重城市更新工作后的实际效果评估，保证了整个过程的完整性，并为将来的更新活动提供支撑。

5.2 美国经验借鉴

"二战"之后，美国联邦政府做出全国范围内的城市更新计划，希望借此振兴日益衰落的城市中心地区，更新模式经历了从大规模的建筑拆除到可持续的城市复兴战略的转变。由于美国州层面拥有较大的立法权，各个州的建筑拆除决策机制有所差异，本节以马萨诸塞州为典型代表，从联邦到州，深入分析美国城市更新中的建筑拆除决策机制。

5.2.1 政策法规

（1）联邦层面法令法规

美国的城市既有建筑拆除决策机制可以分为两个阶段，一是城市更新项目的实施决策阶段，二是基于建筑自身的拆除审批阶段。与英国相同，美国在推动城市更新实施的过程中，同样重视配套政策法规的构建和完善。从表 5.7 中可以看出，美国与英国在城市更新发展历程和法规体系的变迁方面拥有相似的轨迹。从 20 世纪 40 年代以清除贫民窟为主的大规模拆除重建，到 20 世纪 90 年代后注重人本主义和可持续发展的小规模更新，美国城市更新经历了六个发展阶段[195]。随着城市更新内涵和更新模式的不断转变，相关法规也不断得到完善，以保证其对不同时期城市更新活动的有效指引。既有建筑的拆除审批可以分为因公共利益征收及自主申请拆除两类，其中因公共利益实施城市房屋拆除的法律依据是《重要空间法》，根据其规定，为了公共利益的需求，政府可以对土地进行强行征收与拆除，公共利益的范围除了国防、基础设施建设、高速公路等项目的建设外，还包括公共利益需求下的旧城区、旧商业区改造。

表 5.7 美国联邦层面城市更新相关法令法规

时期	城市更新政策	法律法规
20 世纪 40 年代	主要内容为清理贫民窟，改造城市中心区	《住房卫生法》（1941 年） 《住房法》（1949 年）
20 世纪 50 年代	建立有关法令与法规，奠定城市更新的法律基础	《住房法》（1954 年） 《重要空间法》（1954 年） 《1959 年住房法》（1959 年）

时期	城市更新政策	法律法规
20世纪60年代	综合性的更新改造，大城市为主及大规模的更新项目颇受重视	《美化法》（1966年） 《国家历史维护法》（1966年） 《大都市发展法》（1966年） 《住房与城市发展法》（1968年） 《新社区法》（1968年） 《国家环境政策法》（1969年）
20世纪70年代	中小城市为主及邻里社区更新维护型的项目受到重视	《住房与城市发展部法》（1970年） 《住房与社区综合预算协调模范城市与发展法》（1974年） 《土地开发法》（1975年）
20世纪80年代	可持续发展和多目标（社会、经济、环境等）和谐发展的城市更新	《住房与社区发展法》（1980年）
20世纪90年代以来	趋向小规模区域的整旧复新或保存维护，更加注重以人为本、可持续发展	《住房与社区发展法》（1992年） 《住房项目拓展法》（1996年）

　　资料来源：汤晋，罗海明，孔莉. 西方城市更新运动及其法制建设过程对我国的启示 [J]. 国际城市规划，2007（4）：33 – 36.

（2）州层面法令法规

《马萨诸塞州总法》（*Massachusetts General Law*）是马萨诸塞州城市更新实施的指导纲领，从法律层面针对城市更新工作做出了具体的要求。该法不仅对城市更新区的划分准则、管理实施机构及其权利做出了明确的要求，同时也对城市更新计划的申报流程及具体的拆除范围选择要求做出了较为细致的规定。通过将城市更新纳入法制框架下，规范了更新行为，较大程度上地避免了无序城市更新引起的不合理拆建行为，为区域可持续发展提供了保障。

5.2.2　组织结构

　　从联邦层面来看，美国负责城市更新决策和管理的组织机构主要包括联邦政府、城市政府和机构、城市开发公司和私人开发企业。联邦政府的主要职能是负责国家规划及政策制定。城市政府和机构负责拓展融资方式，寻找私人投资，建立基于项目的公共开发公司或再开发机构，委托专业人员进行项目分析、开发商评估、开发成本核算以及代表公众与私人开发商进行商谈等。城市开发公司是城市主要的房地产开发实体，可以通过强制力量征收土地。私人开发企业通过投资等方式与公共部门建立合作关系，主导项目开发。

　　州层面对城市政府和机构的职责做了更细致的规定，各相关机构的组织结构如图5.4所示。根据《马萨诸塞州总法》的规定，市政当局有权通过重建局，将低于标准的、衰败的或荒芜的开发用地进行改造，因此重建局是马萨诸塞州城市更新工作的主要实施机构。除实施机构外，一系列的政府机构也对城市更新工作进行协调管理，其中，主要的管理部门为住房和社区发展部，负责城市更新项目的管理。另外，规划委员会、历史委员会以及环境保护局分别对更新项目的规划、历史文物保护、环境影响进行审核管理。多专业机构的审核，保证了城市更新项目在经济发展、社会发展、历史保护之间的平衡。城市更新项目多分布于马萨诸塞州的各个城市，因此，各市当局也是辖区内城市更新工作的管理者，城市更新项目的实施需得到各市当局的批准。

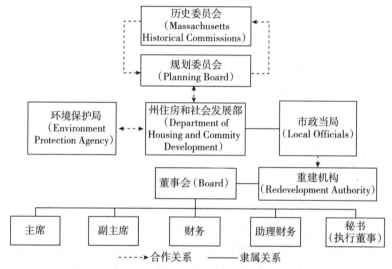

图5.4 马萨诸塞州城市更新的决策组织结构
资料来源：作者根据《马萨诸塞州总法》绘制。

住房和社区发展部（Department of Housing and Community Development, DHCD）是政府对城市更新工作的核心统筹部门，在方向上把控州内各城市的更新目标与策略，在操作上提供相关支撑。重建局非马萨诸塞州设立的职能部门，是否组建重建局视各城镇的城市更新需求而定。当城镇产生城市更新的需求，且市政当局或者镇民大会决定认可时，则重建局被批准成立。重建局是独立政治团体和法人，无须直接与州长对话，因此，在更新项目中具有更多的自主权与独立性。重建局还具有"可解散"的特点，若重建局已没有存在的必要性并且已经完成了其主要的更新义务，在经过镇民大会（镇）或者政府当局（城市）的投票通过之后，就可以决定其解散。为了顺利实施城市更新工作，重建局被赋予了土地征收、更新计划编制、建筑拆除三方面的权力。

此外，房管局也可以作为马萨诸塞州城市更新的主要实施机构。然而，只有在未成立重建局的情形下，房管局才有权力负责城市更新项目的决策和管理。房管局实施城市更新项目时，同样需要对其确定更新项目的合理性进行论证，在确认有城市更新需求时才能发起城市更新项目。

5.2.3　决策流程

美国城市既有建筑拆除的决策流程划分为两个阶段，第一个阶段的内容是城市更新项目实施决策，第二个阶段的内容是既有建筑的拆除审批。更新实施决策主要是对更新项目的合理性进行论证，并确定城市更新的目标及具体方案。而拆除审批则是基于建筑自身的条件对拆迁重建类城市更新项目中的既有建筑做出是否予以拆除的决策。

（1）城市更新项目实施决策流程

马萨诸塞州立法机关在《马萨诸塞州总法》中就"城市更新决策流程"做出了明确规定（图5.5）。该流程的核心部分为城市更新计划的编制与审核。更新计划需经过社会、经济、环境的全面审核，通过后方能实施，审核通过的更新计划是后期重建工作的基础依据。

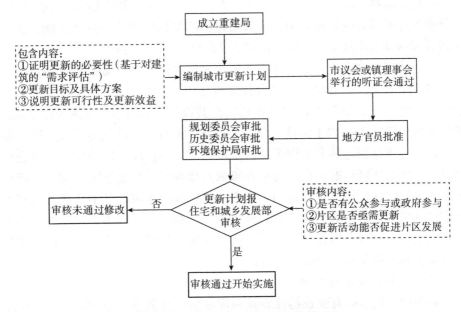

图5.5　马萨诸塞州城市更新的决策流程

资料来源：作者根据《马萨诸塞州总法》绘制。

①流程关键节点

该决策流程的第一步是形成更新意向并成立重建局。随后，重建局作为城市更新项目的核心参与者和实施主体，编制城市更新计划，说明拟更新地区的更新必要性、合理性及可行性，并制订更新的具体方案，在通过市议会或听证会、地方主管官员以及规划、历史、环境保护等各相关主管机构的审批后，提交 DHCD 审核，从而保障更新决策的科学性。

在更新计划提交后，DHCD 将从更新需求迫切程度（建筑的破旧程度、片区的衰败情况等）、更新后的经济效益带动以及更新方案的可实施性三大方面进行评判，综合考虑更新项目的必要性、可行性、合理性，保证城市更新决策的合理性。

②更新模式判定

在城市更新计划申报前，实施主体（重建局）需要通过实地调查以获取所需的基础数据，证明片区更新的必要性（符合标准），保障更新决策的科学性。同时，在更新计划中，对更新方式选择也做出了明确规定，较大程度上规避了建筑的不合理拆除。对于有更新需求的区域，根据其破败程度，可以选择两种更新方式：修缮维护与拆除重建。以上两种方式的选择判断流程如下：

一是采取修缮维护方式。选择该模式，首先应满足建筑无拆除的必要性，并且更新片区具有一定的活力，能够通过修缮复原的方式提升其性能，满足更新目标的要求。其次，修缮方式需满足在经济上的可行性。

二是采用拆除重建方式，该方式包含了两种情况，大面积清除和点状拆除。对于采取大面积清除方式的项目应满足两个要求，首先，拟拆除的单体建筑应有结构上的缺陷或者同时在基础公共设施方面存在一定缺陷，其次，拆除片区内需有 50% 以上的建筑结构不合理，并且已经达到需要大范围清除的程度。对于是否达到大范围拆除的程度，实施主体应采取特定的标准进行评判，具体的评判标准虽在政府层面未做具体规定，但实施主体需在更新计划中对采取的评判标准进行说明。如果证明片区内建筑的基本现状未达到大面积清除的程度，则可采取点状拆除的方式，在这种情况下，拆除的原因可能是其结构不合理，抑或是为实现更新的目标（如降低建筑密度、提升基础设施等）而拆除部分无拆除需求的建筑。

（2）建筑拆除审批程序

在美国，城市既有建筑拆除审批程序按照项目类型，分为因公共利益征收拆除类项目和一般拆除类项目。这两类的拆除审批程序具体如下。

①因公共利益征收拆除项目

在美国，根据联邦宪法第五条修正案，强制征收拆除须经过法定的程序：

a. 预先通告；

b. 进行财产评估并向被征收方提供评估报告，就补偿金征求意见，业主可以提出反对；

c. 召开听证会，说明强制征收的必要性和合理性，如果业主方有质疑，可提出申诉；

d. 如果政府和被征收方在补偿金额上无法达成协议，政府将案件送交法院处理；

e. 法庭要求双方分别聘请的独立资产评估师提出评估报告并在法庭当庭交换；

f. 双方最后一次进行补偿金的平等协商；

g. 如果双方不能达成一致，将由普通公民组成的民事陪审团来确定合理的补偿价金额；

h. 判决生效后，政府在 30 天内支付补偿价金并取得被征收的财产。

②自主申请类拆除项目

拆迁许可审批是美国一般建筑拆除决策的核心环节，政府部门对申请人的拆迁申请材料进行审核之后决策是否允许建筑的拆迁。下面将以波士顿为例介绍拆除许可证申请流程：

a. 一份简短的申请表和一份拆除费用的合同副本；

b. 地标委员会、消防部门出具的批准；

c. 在网上进行申请或者亲自到柜台办理；

d. 签署遵守建筑规范和波士顿区域法的承诺书；

e. 支付给波士顿政府和检查服务部门一份债券、实施信用证或者保兑支票；

f. 提供一份证明，表示已经请专业的灭害虫专家处理并且向环境安全部门预约过检查时间；

g. 地下管线的关闭通知；

h. 环保部门对有害物质的批复。

5.2.4 评价指标体系

美国马萨诸塞州的建筑拆除决策机制中，决策评价体系的应用主要体现在更新项目决策阶段。在城市更新项目决策流程中，城市更新计划的审核是其核心，城市更新计划是整个决策过程中的基础性文件，也是做出是否应进行更新、更新目标确定、更新模式选择等相应决策的主要依据。城市更新计划的内容主要分为三个方面，分别是更新的必要性、更新目标及其方案及更新效益，具体内容如下：

a. 拟更新地区的范围（拆除与修缮）；

b. 表达更新需求的相应资料，以及未来的更新措施；

c. 计划的更新活动的积极影响；

d. 更新活动可能造成的再安置情况以及具体的安置资源；

e. 更新的障碍性因素，例如湿地、泛滥平原、有害废弃物、土壤情况等；

f. 拟更新区域内的土地所有者信息，当前分区、土地利用情况及未来计划的变化情况；

g. 城市更新的地区/经济发展策略以及这些策略如何实现更新项目目标；

h. 项目融资渠道以及资金的资金使用计划；

i. 其他。

5.2.5 经验总结

美国城市更新中的建筑拆除决策机制与英国较为类似，建筑拆除与城市更新紧密相关，按实施阶段划分可以分为两个板块，一是基于地区的城市更新项目实施决策，二是基于单体建筑的拆除决策。美国在城市更新中，同样注重政策法规的建设，通过政策法规的构建和不断完善，来指引并规范城市更新和建筑拆除活动，从而避免了建筑的随意拆除。组织结构方面，美国城市更新决策者分为联邦和州两个层面，联邦层面的职责主要为制定政策，主要的决策者和实施者为州层面的城市政府和相关机构。同时，针对城市更新，美国也设立了专职机构，全面负责城市更新项目的实施，包括建筑拆除。决策流程包含了两个环节，首先通过实地调查获得地区发展现状的详细数据，基于现状条件确定更新的目标及更新模式，其次针对确定采用拆除重建模式进行更新的地区，立足于单体建筑的自身条件，做出是否进行拆除的决策。美国的建筑拆除审批与中国类似，分为因公共利益的征收拆除和自主申请拆除，其中因公共利益导致的建筑拆除的决策流程中，相比中国，美国在决定征收以前，会召开听证会，就征收必要性和合理性作出说明，并规定业主可以提出质疑和申述，从而保证了建筑拆除决策过程的公开和公平性。此外，对于自主申请拆除的类型，美国也做出了详细的规定，而中国在这方面存在缺失。关于决策评价指标体系的应用，主要在更新项目实施决策阶段，更多关注的是地区层面的指标，而对建筑自身的状态的关注度有所欠缺。

5.3 新加坡经验借鉴

20世纪60年代，刚独立的新加坡面临着城市用地不足和城市基础设施破败的双重难题，与当今举世闻名的花园城市有巨大差别。半个世纪以来，在市区重建局（Urban Redevelopment Authority，URA）的积极推动下，新加坡从一个住房紧缺、过度拥挤的国家转变为一个适合居住、工作和生活，充满活力且独具特色的国际性大都市，城市更新则在这个过程中扮演了重要的角色。

由于新加坡政府从1964年就开始推行"居者有其屋"政策，如今超过80%的新加坡人居者在组屋里，私有住宅在新加坡住宅存量中只占了22%。因此，新加坡的城市更新主要包括组屋的更新和私有建筑的更新。根据新加坡统计局2011年公布的数据，新加坡私有住宅中占比最高的住宅类型是公寓式住宅，占据了私有住宅总量的73%。此类住宅始建于19世纪70年代后期，相对较新，基本不存在物理上的破败问题。因而针对私有建筑的更新，主要是依据城市概念规划和城市总体规划中的城市发展要求而开展的更新活动。

5.3.1 政策法规

新加坡城市更新相关政策法规包含三个方面，分别是城市规划体系、私有建筑更新和历史保护（表5.8）。

表5.8 新加坡城市更新相关政策法规

类别	法律	法规内容
城市规划体系	《规划法令》（1990年）	发展规划
		开发控制规划（规划执法和历史保护）
私有建筑更新	《租金管治（废除）法案》（2001年）	取消租金限制
	《土地权益规章》（1999年）	既有建筑整体销售计划
	《建筑溢价撤销法案》（2008年）	取消各类建筑溢价费用
历史保护	《古迹保护法案》（1989年）	旧城区和古建筑保护

资料来源：作者整理。

（1）城市规划体系

新加坡的城市规划法规体系的核心是1959年的《规划法令》和各项修正法案，包括规划机构、发展规划和开发控制等方面的条款。现行的《规划法令》及发展与开发控制规划由 URA 与相关的政府机构共同编制。规划的编制以实现可持续发展为目标,综合考虑了社会、经济和环境三方面的平衡。规划体系分为两级,分别是战略性的概念规划和实施性的开发指导规划(总体规划),如图 5.6 所示。

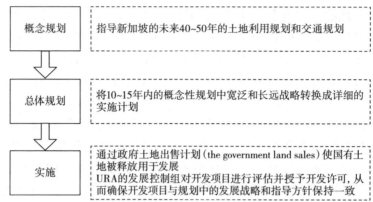

概念规划	指导新加坡的未来40~50年的土地利用规划和交通规划
总体规划	将10~15年内的概念性规划中宽泛和长远战略转换成详细的实施计划
实施	通过政府土地出售计划(the government land sales)使国有土地被释放用于发展 URA的发展控制组对开发项目进行评估并授予开发许可,从而确保开发项目与规划中的发展战略和指导方针保持一致

图 5.6 新加坡城市规划体系

资料来源:作者根据新加坡市区重建局网站资料绘制。

(2)私有建筑更新

为了促进私有建筑的更新,新加坡政府实施了三方面的措施,同时颁布了相关的条例对各措施进行了法律上的保障。三类措施分别是取消租金限制、建筑整体销售计划和撤销建筑溢价收费。

在住房短缺的情形下,为了保护租户的利益,新加坡从 1947 开始实施租金控制方案。由于对既有建筑的额外投入并不能带来更多的收益,因此租金控制降低了业主对建筑进行维护、升级改造的积极性,导致了既有建筑的不断衰败。为了促进业主对既有建筑的维护性更新,2001 年,新加坡政府颁布了《租金管治(废除)法案》,取消了对建筑的租金控制。

针对多业主建筑的整体销售计划最先于 1994 年执行,这个计划的实施带动了私有住宅和公共建筑的更新。该计划执行的前提条件是 100% 的业主均同意整体出售既有建筑。1998 年,新加坡政府提出了降低业主同意出售比例的提案,并于 1999 年出台了《土地权益规章》,对该比例进行了修订:建筑使用寿命少于 10 年的既有建筑,需要获得 90% 以上业主的同意;建筑使用寿命为 10 年以上的既有建筑,需要获得 80% 以上业主的同意。

在过去,针对超出租赁期限的既有建筑,无论业主想对其进行维护、升级或者改造,新加坡政府均要征收大幅的建筑和土地溢价费用。为了规避这笔费用,多数业主会选择不对既有建筑进行维护或者直接拆除既有建筑,几乎没有人愿意对既有建筑进行更新。2008年，新加坡政府取消了对建筑溢价费用的征收，消除了业主在租赁期末，对既有建筑进行维护、改造性更新的潜在障碍。

（3）历史保护

新加坡在1989年将"新加坡历史和文化遗产保护"写入政策指导，使保护在法律上形成制度。1996年新加坡政府对保护方针进行修改，在赋予旧建筑新用途方面给予业主更大灵活性，鼓励创造性修复并使保护区更具地方特色。新加坡在选择被保护的历史建筑时，综合考虑了既有建筑在时间与空间双重维度上的价值。为了保持和维系社会各界对新加坡的不同记忆，店屋、机构、平房、地标等各种类型的建筑得以被保护，同时，为了延续与展示新加坡历史的深度和根源，建于不同历史发展阶段的建筑也得以被保留。根据规定，建筑使用寿命在30年及以上的建筑均应进行保护。

5.3.2 组织结构

新加坡的城市发展与规划由国家发展部（Ministry of National Development，MND）主管，具体职能部门是 URA。住屋发展局（Housing Development Board，HDB）作为公共住房建设计划的职能部门，在新加坡城市更新中承担了组屋的更新工作。而组屋之外的建筑的更新工作则由 URA 所承担，包括私人住宅、公共建筑等。此外，作为新加坡高品质建筑和可持续发展的建筑业的监管部门，建设局（Building & Construction Authority，BCA）也在城市更新中起着重要的作用。URA、HDB、BCA 共同隶属于 MND，详细的机构设置结构如图5.7所示。

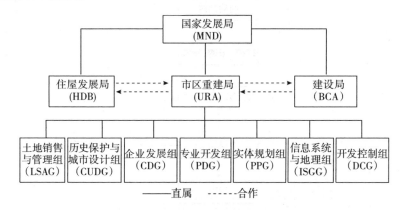

图5.7 新加坡城市更新职能机构设置结构

资料来源：作者自绘。

新加坡市区重建局具有发展规划、开发控制、旧区改造、历史保护四大职能，拥有对除组屋外的城市建筑（包括私人住宅、商业建筑等）更新工作的主导权。其下属部门包括历史保护与城市设计组、企业发展组、信息系统与地理组、开发控制组、土地销售与管理组、专业开发组、实体规划组。此外，URA下设专业的咨询委员会，包括国际专家小组、历史保护顾问小组、设计咨询委员会、设计指南豁免委员会，这些专家小组在各自领域的不同决策阶段提供专业咨询。

5.3.3 决策流程

新加坡的私有建筑的更新，除了依据城市发展规划的要求，在特定区域以整体出售计划推动外，业主也可以自下而上的申请对既有建筑进行更新，URA对申请流程进行了明确。同时，为了实现可持续发展和到2030年新加坡80%以上的建筑实现绿色化的目标，BCA下属的可持续建筑与建设中心于2010年出台了《既有建筑改造指南》，明确提出了未来新加坡的建筑使用寿命需要达到50年及以上。指南中规定了既有建筑绿色改造的流程和评价体系，其中改造流程包括了六个步骤，前四个步骤涉及评价既有建筑是否应拆除。业主自发的既有建筑拆除决策流程如图5.8所示。

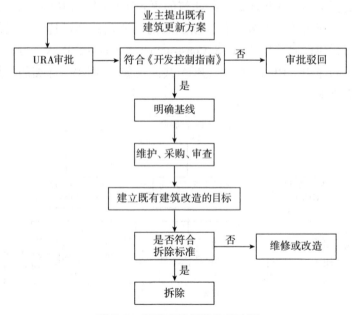

图5.8　既有建筑拆除决策流程

资料来源：作者自绘。

首先，业主向 URA 提供既有建筑更新方案，获得改造或者拆除重建许可。URA 根据《开发控制指南》等对申报的既有建筑的更新方案进行评定，并在 20 天内给予业主审批意见反馈。《开发控制指南》中综合考虑了所有适用的由相关主管机构颁发的规划指南和历史保护指南。在明确申请符合《开发控制指南》的基础上，依照《既有建筑改造指南》对既有建筑进行评估并确定合适的更新方案。第一步是明确基线，即评价既有建筑当前的物理状态与服务水平，并了解建筑的现状是否和当前相关法律规范的要求有冲突；第二步是既有建筑的维护、采购审查，包括能源采购审核等；第三步是建立既有建筑改造的目标，如提高建筑价值、提升城市形象、促进全面的可持续发展等；第四步是通过对比既有建筑的当前状态与更新目标，判定是否进行拆除重建，或是采用维修、提升改造的方式进行更新。

5.3.4 评价指标体系

相对于拆除重建，对既有建筑进行合理的改造更具可持续性。研究表明，采用适应性改造的更新方式，无论在环境影响方面还是全寿命周期（超过 60 年）内的成本，均小于拆除重建的更新方式[77-78]。因此，新加坡《既有建筑改造指南》中提出只有当既有建筑在各个方面均处于很差的水平，才考虑采取拆除重建的方式。新加坡的既有建筑的更新等级划分主要依据建筑服务研究和信息协会和建筑研究中心对各种改造等级的定义，具体等级划分及更新示范描述如表 5.9 所示。

如表 5.9~表 5.12 所示为新加坡既有建筑更新的评价指标体系，评价步骤如下。

a. 基于决策流程中第一步（明确基线）获得的审计数据，依据表 5.9，为既有建筑的综合性能划定等级；

b. 基于决策流程中第一步（明确基线）获得的审计数据，依据表 5.10，为既有建筑的整体物理状态划定等级；

c. 基于上述划定的既有建筑整体物理条件和综合性能，依据表 5.11，以使更新后的既有建筑与新建建筑对比具有竞争力为原则，确定既有建筑的更新等级；

d. 对比更新等级与决策流程中第三步所建立的更新目标，依据表 5.12 核对相应更新等级的更新内容是否符合更新目标。若不符合则需要对既有建筑进行再次评价，重新划定更新等级，直到与更新目标达到一致。

表5.9 建筑综合性能简化评估表

性能等级	优秀	良好	不好	极其不好
热舒适度	±0.5 PMV†	±1 PMV	±1 PMV	>2 PMV or <−2 PMV
能耗（国家能源局能源智能基准）#	15%	40%	60%	80%
水消耗量（公共事业局设定的等级）*	WELS（Water Efficiency Labelling Scheme 用水效率标签计划）评价等级：优秀 & 非常好的装置	WELS（Water Efficiency Labelling Scheme 用水效率标签计划）评价等级：良好的装置	WELS（Water Efficiency Labelling Scheme 用水效率标签计划）评价等级：零点标准装置	WELS（Water Efficiency Labelling Scheme 用水效率标签计划）评价等级：不在 WELS 认定的装置之内
机械系统	100% 的计划可用程度并且能够满足目前的功能需求 没有长期的警报，没有造成损失以及危险事件发生 完全满足设计功能要求	95%~100% 的计划可用程度 通过日常维护能够在未来 3 年内继续服务使用 有一些小的缺陷	50%~95% 的计划可用程度 差点要出事 缺陷水平及显著性增加，通过日常维护也不能够在未来 3 年内继续服务使用	在未来 12 个月之内必须更换 频繁的系统出错 出现明显的损失以及危险事件 不能满足设计功能要求 许多影响功能的缺陷
电气/信息技术/通讯系统	100% 可用 不存在由于设备不可靠而造成的事故报告	>95% 可用 在过去 6 个月内有 1 次事故报告	>50% 可用 在过去 6 个月内有 1 次或者 2 次事故报告	<50% 可用 导致了许多出错而造成的损失 在过去 6 个月内有超过 3 次的事故报告
用户满意程度	很少数的投诉；缺勤率低于平均水平	一些小的投诉，很容易得到纠正解决 缺勤率在平均水平	许多投诉，很难得到纠正解决 缺勤率在平均水平之上	租户离开状态/未被租赁 存在由于较差的建筑性能而引起的法律诉讼
净可出租面积的百分比（采用2.5%的采光系数）	>60%	30%~60%	15%~30%	<15%
灵活的楼板面	非常灵活 有多个出口，没有内部的柱子或者障碍物，很容易租赁	灵活 有多个出口，最少的内部障碍物	较不灵活 以该空间的一个端口作为出口，许多内部的障碍物，限制了占用面积	不灵活 显著的内部障碍，限制建筑占用面积

注：#代表国家能源局智能节能建筑标签计划，*代表公共事业局用水效率标签计划。

表5.10 建筑物理状态简化评估表

性能等级	优秀	良好	差	极差
机械系统	物质状况水平高 没有系统缺陷 状况监测系数在规范之内	至少3年之内无需因为物质状况而要求投资	3年内有因为物理状况而产生的投资需求 消耗品的消耗量增加 多处修改等待执行	特定设备的寿命剩余不到10%或者寿命到期 急需投资进行物质状况改善 消耗品的消耗量极高
电气/信息技术/通信系统	像新的一般：寿命超过90% 没有物理缺陷	较小的物理缺陷	必须引起注意 维护负担增加 多处修改等待执行	显著的缺陷 潜在的安全危险
建筑与土木工程	结构合理，维护良好，像新的一样只是需要正常的日常维护 无变形或者沉降	显著的轻微磨损迹象 除了正常的日常维护以外需要一些小的修理 没有过度的变形或者沉降 无非关键要素的不适当的修改 需要在中期进行重新检查	结构稳定且正常运行，但是需要精心护理或者投资以维持其在一个安全的状态 主要构件出现变形或者有不当沉降的迹象 显著的设计缺陷，不恰当地修改关键组成部分，严重的误用或者撞击损害关键组成部分	使用起来不安全，需要及时采取措施来保证其安全并且需要尽快地进行更换 主要的设计缺陷，不恰当的修改，严重的误用或者撞击损害，可能危及结构的安全性

资料来源：作者根据 *Existing Building Retrofit*（BCA）（2010年）绘制。

表5.11 既有建筑综合评价等级

建筑服务性能		建筑物理条件			
		优秀	好	差	很差
	优秀	维持	Level1	Level2	Level3
	好	Level1	Level2	Level3	Level3
	差	Level2	Level3	Level3	Level4
	很差	Level3	Level3	Level4	Level5

资料来源：作者根据 *Existing Building Retrofit*（BCA）（2010年）绘制。

表 5.12　既有建筑更新等级划分

更新等级	改造等级示范描述
Level 1：初级改造	安装现代化的百叶窗、更改建筑布局改善照明和舒适度，重新装修建筑内部、更换低能耗电子产品、建筑服务功能的提升（如电梯、监控系统等）
Level 2：中级改造	在等级 1 改造内容的基础上，增加照明与控制系统的改造
Level 3：重点改造	更换主要的设备、服务和地板饰面，提升楼板和内墙的等级，安装外部遮阳控制系统等
Level 4：全面改造	仅保留建筑的上、下结构和楼板，更改建筑的整体结构、外观和功能等
Level 5：拆除	拆除或者拆除重建

资料来源：作者根据 *Existing Building Retrofit*（BCA）（2010 年）绘制。

†Predicted Mean Vote 热环境综合评价指标：用表 5.13 测量标准评价人体热舒适度的预测指标。

表 5.13　人体热舒适度的预测指标

+3（热）	0（中立）	−1（凉爽）
+2（非常温暖）		−2（冷）
+1（温暖）		−3（非常冷）

资料来源：作者根据 *Existing Building Retrofit*（BCA）（2010 年）绘制。

5.3.5　经验总结

新加坡的城市建筑有着较长的使用寿命，这都得益于新加坡城市建筑拆除决策有较为完善法律体系，科学的城市规划体系和严格的执行力度，同时建立了科学的拆除决策流程，法定建筑拆除审查机构以及既有建筑拆除决策评价指标体系。在法律法规方面，新加坡建立了完善的法律体系，建筑保护以法律的形式纳入到了城市更新政策和城市发展规划中，使得建筑拆除决策有法可依，建筑拆除行为更加规范合理。在机构设置方面，新加坡设置了专门的机构 URA 负责城市更新的管理工作。同时，新加坡的建筑拆除流程可以保证既有建筑能被充分利用，对防止不合理的建筑拆除行为能起到有效的约束作用。此外，新加坡建立了完善的法定建筑拆除决策评价指标体系，能够为城市更新决策者在审核业主提交的城市更新方案中提供科学的决策依据。

5.4　中国香港地区经验借鉴

"二战"以来，中国香港地区人口数量不断上升，城市人口密度高、交通拥挤、基础设施缺乏等矛盾日益凸显，城市更新作为其城市发展过程中的一种重要协调机制，得到快速发展，并取得了显著成绩。香港的城市建筑拆除包含在城市更新中，是城市更新的一种主要形式。

5.4.1 政策法规

香港有关城市更新相关的政策法规及重要实施计划如表 5.14 所示，包括了规划体系、指导纲领、重建发展、楼宇复修、保育活化五个类别。

表 5.14　香港城市更新重要政策法规及计划

类别	年份	名称	内容
规划体系	1939	《城市规划条例》	总体规划规定
指导纲领	1987	《土地发展公司条例》	土地发展公司及其工作开展相关规定
	2001	《市区重建局条例》	市区重建局及其工作开展相关规定
	2011	《市区重建策略》	城市更新开展策略
重建发展	2001	《收回土地条例》	土地征收权责及流程规定
	2011	《楼换楼计划》	重建项目补偿机制
楼宇复修	2001	《楼宇安全及适时维修综合策略》	楼宇维修措施及扶持政策
	2009	《楼宇更新大行动》	为业主提供津贴及技术支持
	2012	《强制验楼计划》	楼龄 30 年或以上的楼宇，须每 10 年进行一次楼宇检验
保育活化	2008	文物影响评估机制	文物、历史建筑保护及活化
	2008	《活化历史建筑伙伴计划》	

资料来源：作者整理。

（1）规划体系

1939 年，有关部门颁布了《城市规划条例》，这是香港城市规划法规体系的核心母法。该条例自从颁发以来进行了多次修订，主要是将公众参与设为规划编制流程中的法定环节，并简化制定图则及审批规划许可申请的程序，使规划制度更加公开及透明。香港的规划体系分为三个层次，从上到下分别为全香港层面发展策略、次区域层面发展策略和地区层面的详细土地用途图则（图 5.9），其中地区层面的图则包括了法定图则和内部图则。全香港层面发展策略是长远发展规划大纲，不属于法定层次，其贯彻政府的土地用途、交通基础设施及环境方面的政策，是制定次区域和地区规划的依据。次区域层面发展策略将全港发展目标和发展策略落实到五个次区域层面。地区层面图则是详细的土地用途规划，将全港及次区域层面的发展规划在地区层面进行落实。法定图则由规划委员会依照《城市规划条例》的法定程序，会同行政局的指令制定，包括分区计划大纲图和发展审批地区图。内部图则不属于法定图则，包括了发展大纲图和详细蓝图。

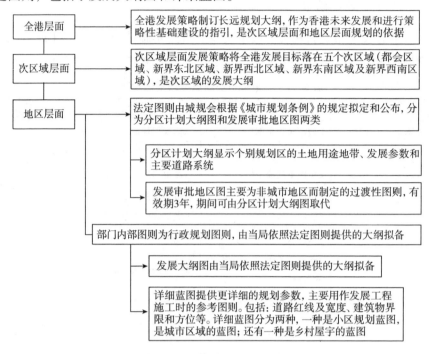

图 5.9 香港地区规划体系

资料来源：作者根据重建局网站资料绘制。

（2）指导纲领

香港地区的《市区重建局条例》为指导其城市更新的主要纲领，该条例为推行市区更新提供了一个新的架构，并明确规定城市更新规划需要符合《城市规划条例》。香港城市更新的最高层次发展策略为《市区重建策略》，市区重建局局长可根据需要实施市区重建，从而制定具有针对性的《市区重建策略》。基于此策略，市区重建局在每个财政年度需编制"5 年期业务纲领草案"及下一财政年度的"业务计划草案"，并交由财政司司长审批。在城市更新策略及计划的指导下，市区重建局与其他相关机构协调配合，共同开展城市更新工作。

为保证城市更新的全面性与合理性，香港相关部门以重建发展、楼宇修复、旧区活化和文物保育四种方式进行其城市更新工作，其中重建发展和楼宇修复为其核心更新方式。重建发展，类似于旧城改造，即局部或整体地、有步骤地改造和更新老城区的全部物质生活环境，从根本上改善其劳动、生活服务和休息等条件。楼宇修复作为市区重建局的另一大核心业务，也是城市更新的重要环节，其不但有助改善市区环境，还能延长建筑使用寿命，避免拆卸重建带来的高投入和社会问题，切合政府的可持续发展政策。

5.4.2 组织结构

香港城市更新的决策组织结构如图5.10所示。与城市更新决策相关的最高层次的决策者是香港财政司司长，其在城市更新决策上主要有两个方面的职责，一是对市区重建局借款及贷款进行权力规定以及过程监督，二是审核批准市区重建局制订的业务纲领及业务计划。

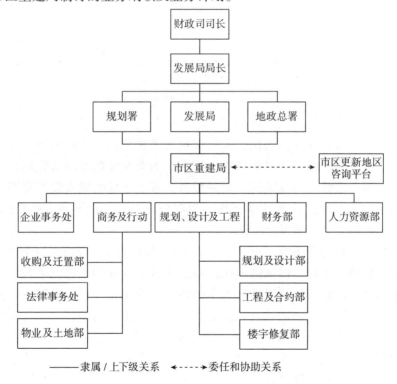

图 5.10　香港城市更新职能机构设置结构图

资料来源：作者根据中国重建局网站资料绘制。

发展局是香港城市发展的核心管理部门，负责城市发展与土地用途规划、市区更新、公共工程建设和文物保护等领域的统筹工作。在城市更新领域，其主要职责为广邀公众参与，统筹推进重建发展、楼宇修复、旧区活化和文物保育四种更新方式的和谐发展，推广和确保楼宇安全与适时维修，全面落实市区更新政策，并负责制定与发展有关的文物保育政策等。

香港的城市规划系统主要由规划署及城市规划委员会管理，城市规划委员会（下称城规会）是香港城市规划制定及管理部门。规划署是城规会的执行机构，致力于制定可持续发展策略和计划，就土地的用途和发展提供指引，促进合适的发展和旧区重建，并处理全港及地区两个不同层面有关规划的一切事宜，同时亦为城规会提供服务。城规会及规划署在城市更新过程中主要针对市区重建的规划、图则等内容进行审批，并处理与此相关的上诉等问题。

香港市区重建局（下称市重建局）是香港处理市区重建计划的法定机构，是永久延续的法人单位，而非政府的代理人，不享有政府地位、豁免权等，需要资金独立运作，其核心业务是重建发展和楼宇复修。市重建局虽然不是政府部门，但政府在政策制定、资金来源、土地收购等方面会给予其一定支持。市重建局由董事会负责决策与监督，董事会所有成员由行政长官委任，任期不超过 3 年，以非公职人员为主，只有非执行董事允许有数名公职人员。执行董事划分为"规划、设计及工程"和"商务及行动"两个不同职能方向，分别拥有三个下属部门。前者管理规划及设计部、工程及合约部和楼宇修复部，后者则领导收购及迁置部、法律事务处及物业及土地部。对于重建发展类项目，市重建局担当执行者与促进者两种角色。执行者指市重建局开展项目；促进者则指市建局提供中介服务，为业主委聘顾问或顾问公司，并为业主统筹及监督顾问或顾问公司的服务。市重建局的职责设置强调了问责制与透明度，市重建局和董事会均必须向公众负责，积极回应社会的诉求，并在可行范围，公开董事会会议。

此外，根据最新版的《市区重建策略》（2011 年），政府在每个区设立市区更新地区咨询平台，以加强地区层面的市区更新规划。咨询平台以全面及综合的方式，向政府建议以地区为本的市区更新工作，包括市区更新及重建的范围，以及进行更新的执行模式等。咨询平台由政府委任，主席由熟悉市区更新工作的专业人士担任，成员包括区议员/分区委员会成员、专业人士、区内具规模的非政府组织和商会，以及市建局和有关政府部门的代表。规划署则为咨询平台提供秘书处服务和专业支持。

5.4.3 决策流程

在香港四种更新城市方式中，重建发展类是唯一需要将建筑拆除后重建的改造方式，其余三种类型均不涉及建筑拆除。因此，香港城市更新中的建筑拆除（除去违规建筑拆除等）的决策主要是更新方式的决策。

根据最新版的《市区重建策略》，重建项目的决策需要经过两个过程，先是咨询平台需就本地区制订其市区更新计划，对重建及复修范围和更新的模式做出建议，其次，市建局基于咨询平台的建议，结合项目区域实际情况做出更新决策。咨询平台制定更新计划的过程包括规划研究、公众参与及社会影响评估三大环节。这三大环节也是更新方式决策必经的三大环节，亦即是建筑拆除的决策流程（图 5.11）。首先，咨询平台会拟定片区市区更新初步方案，接下来就针对初步方案进行意见征集（即第一阶段公众参与），第一阶段公众参与旨在确立市区更新愿景、确定受影响的利益相关者，并听取他们就初步方案对社会可能造成的影响的意见。与此同时，根据《市区重建策略》的要求，咨询平台需开展第一阶段社会影响评估，评判确定项目更新的必要性。依据第一阶段的公众意见以及社会影响评估，咨询平台修改更新计划，形成初稿。修改后进入第二阶段的公众参与以及社会影响评估，这一阶段主要是搜集公众对初稿以及社会影响舒缓措施的意见，并确定更新方案的影响主体及影响程度。经过两个阶段的公众参与及社会影响评估之后，就形成了市区更新计划定稿，最后，将此定稿交由市建局审批。

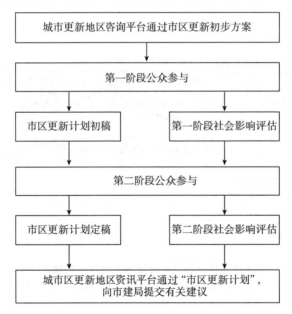

图 5.11　城市更新地区咨询平台决策流程

资料来源：作者根据《九龙城市更新计划》（2014）绘制。

在咨询平台提供市区更新计划（拆除重建类）后，市建局会参照咨询平台的建议、楼宇状况调查及考虑本身的人力及财政状况，开展重建项目（图 5.12）。市建局在政府宪报公布建议重建项目前，进行第一次的社会影响评估，以更新由咨询平台早期完成的社会影响评估的结果。在第一次社会影响评估之后，市建局采用发展项目或发展计划的形式进行重建项目。其中发展计划交城规会审批，发展项目提交给发展局局长审批。审批通过后，在政府宪报公布建议重建项目，在公布期间，公众可根据《市区重建局条例》就发展项目提出反对，或根据《城市规划条例》就发展计划提出反对。在政府宪报公布建议项目后，市建局进行冻结人口调查，并组织实施第二阶段社会影响评估及建议的舒缓措施。此外，当市建局提交发展项目时，应同时向发展局局长提交由市建局进行的第一阶段和第二阶段社会影响评估报告；当市建局提交发展计划时，应同时向城规会提交上述报告。

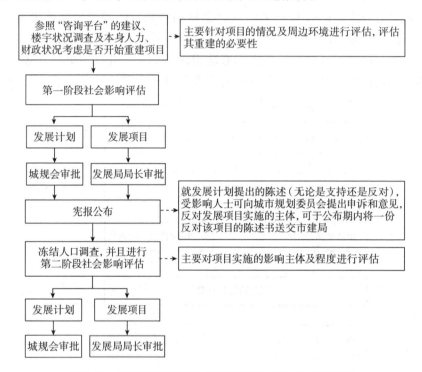

图5.12　香港市建局开展"重建发展"类项目实施流程

资料来源：作者根据《市区重建局条例》(2001) 及《市区重建策略》(2011) 绘制。

5.4.4　评价指标

对于建筑是否拆除，也就是更新方式的确定，无论从地区咨询平台进行更新计划编制，还是从市重建局进行重建项目决策来看，均有两类重要的评价指标，一是楼宇状况，二是社会影响，社会影响评价包括两个阶段，每个阶段的具体评价项有所区别。

（1）楼宇状况

楼宇状况主要包含楼龄及楼宇失修情况两大指标。市重建局于2009—2010年进行了针对全港30年及以上楼龄的私人楼宇的"楼宇状况调查"，调查内容包括目视勘察楼宇外墙及公共区域设施失修情况，并以失修程度划分等级，如失修或明显失修。此外，屋宇署于2010年针对全港所有楼龄达50年及以上的私人楼宇进行了巡查，确定这些楼宇的结构是否安全。屋宇署根据楼宇的状况把楼宇分成4个组别，分别是第 I 组的"需要进行紧急维修"、第 II 组的"有较明显欠妥之处"、第 III 组的"只有轻微欠妥之处"及第 IV 组的"没有明显欠妥之处"。决策主体可根据以上两次调查结果进行楼宇状况评定。

（2）社会影响评估

社会影响评估旨在评估市区更新计划对社区造成的社会影响，并提出舒缓措施建议。社会影响评估的数据搜集循着由宽而窄的向度，分两个阶段进行（图5.13），即第一阶段社会影响评估和第二阶段社会影响评估。两个阶段的社会影响评估分别在政府宪报公布重建项目之前和之后。

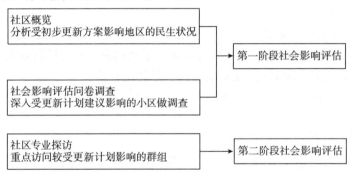

图5.13 社会影响评估内容

资料来源：根据中国香港重建局网站资料作者自绘。

第一次社会影响评估主要是对项目更新的必要性进行调查评估，其具体的评估内容如下：

a. 建议项目范围的人口特点；

b. 该区的社会经济特点；

c. 该区的居住环境；

d. 该区经济活动的特点，包括小商铺及街头摊档等；

e. 该区的人口挤迫程度；

f. 该区设有的康乐、小区和福利设施；

g. 该区的历史背景；

h. 该区的文化和地方特色；

i. 就建议项目对小区的潜在影响所进行的初步评估；

j. 所需舒缓措施的初步评估。

第二阶段社会影响评估旨在评估规划研究顾问所建议的市区更新计划对社区造成的影响，并提出纾缓建议，其具体的评估内容如下：

a. 受建议项目影响的居民人口特点；

b. 受影响居民的社会经济特点；

c. 受影响租户的安置需要；

d. 受影响商户的搬迁需要；

e. 受影响业主和租户的住屋意愿；

f. 受影响业主和租户的就业状况；

g. 受影响业主和租户的工作地点；

h. 受影响业主和租户的小区网络；

i. 受影响家庭子女的教育需要；

j. 长者的特殊需要；

k. 弱能人士的特殊需要；

l. 单亲家庭的特殊需要，尤其是有年幼子女的单亲家庭的特殊需要；

m. 建议项目对小区的潜在影响所进行的详细评估；

n. 所需纾缓措施的详细评估。

5.4.5 小结

香港地区对城市更新设立了专门的机构进行管理，保证了城市更新的质量和效率。香港地区对于城市更新的方式有清晰的分类管理，即重建发展、楼宇复修、文物保育、旧区活化四种类型。这种清晰的分类管理方式不仅有效地指导了城市更新工作，也有效地避免了建筑的随意拆除。对于采用建筑拆除进行城市更新的决策有完善的程序，尤其要注重社会影响的评估。

5.5 经验的总结与启示

通过对新加坡、美国、英国以及中国香港地区城市更新与建筑拆除决策机制的分析，作者得出以下七个可供我国参考的经验。

一是加强城市更新和建筑拆除决策相关法律法规建设。本研究发现发达国家及地区在城市更新与建筑拆除决策的法律体系有着共同的特点，就是它们建立了较为完善的法律法规体系。它们通过法律法规体系对建筑拆除决策流程、责任主体、监管主体、决策依据等做出清晰的规定，使建筑拆除决策工作可以做到有法可依，通过法律的手段对不合理的建筑拆除行为进行约束。而我国，有关城市更新与建筑拆除的决策依据多为省市政府的实施意见和管理办法，不仅权威性不够，也没有体系化的规定。借鉴这些国家和地区的经验，我国需要加强城市更新与建筑拆除决策相关的法律法规建设，并将相关法律法规进行细化，完善法律法规的体系性，同时增强法律法规的可实施性。

二是明确建筑拆除决策专职部门及职责。在英国和美国大部分地区，城市规划部门是建筑拆除决策的主管部门，负责处理规划许可的审核及批准，其中也包括拆除许可的审核及批准。新加坡则由新加坡市区重建局负责城市更新中拆除重建的审批管理工作。而我国目前建筑拆除决策尚无明确的责任主体，多数地区是由区县以上政府做房屋征收拆除决定，房屋主管部门负责具体的房屋征收实施，拆除管理部门负责颁发拆迁许可证，城市建筑拆除决策主体的责任划分不明确。借鉴这些国家和地区的经验，我国可以考虑建立专职的城市更新管理部门，明确权力和职责，完善建筑拆除审批制度。设立专门的城市更新管理部门不仅可以对建筑拆除行为进行有效监管，进一步规范建筑拆除行为，也可以为我国建立拆除决策的问责制度奠定基础。

三是建筑拆除决策流程增设建筑功能评估环节。从新加坡、英国和中国香港地区的建筑拆除决策可以总结出，它们在对城市建筑做出拆除决策时，非常重视对拟拆建筑的物理功能、所处区域状况等方面的详细评估。当业主申请建筑拆除时，建筑拆除决策审批机构首先考虑的是将建筑进行维护、恢复或提升功能继续利用。只有当建筑经过维修仍无法符合正常使用要求的情况下，才对拆除申请人核发建筑拆除许可证。

在新加坡，当业主需要申请对既有建筑进行更新时，必须要向 URA 提供既有建筑更新方案，获得改造或者拆除重建许可。URA 会依照《既有建筑改造指南》，根据既有建筑当前的状态与更新目标来判定适合的更新方式，只有当既有建筑在各个方面均处于很差的水平，才考虑采取拆除重建的方式。英国的英格兰地区，对于出现质量问题影响安全及使用的房屋，在建筑拆除决定前，规划局首先将对其进行技术维护，若通过建筑的修复而使得其恢复使用功能，则建筑将无须拆除，若维护失效，建筑业主才可向规划局申请拆除。如果将既有建筑的功能评估前置为我国建筑拆除决策流程的法定环节，可以从程序上来防止城市建筑随意滥拆的不合理行为。

四是建立法定的建筑拆除决策评价指标体系。相对于拆除重建，对既有建筑进行综合改造进而使其满足物理及功能的需求更具有可持续性。在进行拆除、改造、维修和维护等几种更新方式的选择决策过程中，客观合理的评价指标体系是科学决策的基本保障。国外许多国家均十分重视既有建筑的拆除前评估，新加坡出台了详细的建筑更新评价指标体系，从物理性能与功能服务性能两方面制订了一系列评价指标对建筑性能做出综合评估，以作为是否对既有建筑实施拆除的评判依据。科学的评价指标体系很大程度上保证了拆除决策的合理性，避免了不必要的建筑拆除。美国虽然未制订统一的建筑拆除决策评价指标，但其要求实施主体提供建筑拆除决策评估报告，并详细说明评估的方法及依据，针对不同项目的具体情况，实施主体可选择相应的评估标准。在香港，重建局也规定拆除决策前需对房屋物理性能以及拆除影响做出综合评估。建筑拆除决策的事前评估可以有效降低决策者决策的盲目性，减少"短命建筑"的产生，有效延长建筑使用寿命，对改变我国目前城市建筑的不合理拆除有重大意义。

五是科学编制城市规划，加强规划的执行力度。发达国家和地区都非常重视城市规划体系的全面性、法律效力及规划的严肃性。特别是新加坡与英国，不仅重视城市规划体系的科学性与完善性，还颁布了一系列严厉的规划法律来保障城市规划的地位，以严厉的规划执法维护规划的严肃性。新加坡的政府非常重视城市规划的科学制定和认真执行，真正把规划作为"城市发展的战略、建设城市的纲领、管理城市的依据"。科学地编制城市规划可以有效减少因规划的不合理而造成的建筑拆除，提升规划的法律地位和执行力度，可以有效遏制因城市规划被频繁更改而造成的不合理建筑拆建行为。

六是加强既有建筑的维护与保养。建筑使用阶段的有效维护是延长建筑使用寿命，减少过度拆除的有效方式。为避免拆除重建带来的高投入和社会问题，中国香港市建局积极开展楼宇修复业务，向业主提供技术和财务支持，以鼓励业主妥善保养和维修物业，同时发展局也开展了强制验楼计划，对建筑的物理性能进行检验，使得政府与业主均对建筑性能有一个较为全面的了解，针对建筑隐患进行维护、保养。英国也明确规定地方政府在发现建筑有缺陷时，有权要求业主或者政府自行对建筑缺陷进行修复，苏格兰政府要求在建筑出现质量问题时需首先对其进行技术维护。国外与我国香港地区的经验总结可以发现，在建筑的日常使用中，注重建筑的维护与保养，可以维持建筑的使用功能，延长建筑使用寿命，避免建筑大量被拆除。

七是加强公众参与。建筑拆除涉及不同的利益主体，不同主体之间的需求不尽相同，社会公众作为拆除决策的直接影响对象，应参与到整个建筑拆除决策中，确保决策的合理性与全面性。中国香港地区在修订其《城市规划条例》时，将公众参与这一措施设为规划程序中的法定环节。新加坡则在其城市规划制定过程中，通过调查、专题小组讨论、公共论坛等渠道开展规划的公共协商，了解民众的关注要点与期望，保证规划能够满足公众需求。在拆除决策过程中，英国成立了城乡规划督察组织，监督拆除过程，处理拆除相关申诉。美国在进行建筑拆除更新的申报时，要求必须征得镇居民大会的同意，保证了居民对建筑拆除决策的发言权。香港地区也规定实施主体需针对建筑拆除更新计划征求受影响居民的意见。有效的公众参与能够有效监督政府与开发商在建筑拆除决策中的行为，保证拆除决策能够维护公众利益，减少经济利益导向下的大拆大建行为。

5.6　本章小结

本章主要基于文献研究和专家访谈的方法，分析和总结了新加坡、美国、英国以及中国香港地区的城市更新与建筑拆除决策机制，为完善我国的建筑拆除决策机制的构建提供了方向和思路。本章根据各个国家和地区的特点，就现行的城市更新与建筑拆除决策机制，从政策法规、组织结构、决策流程、决策评价指标体系等方面进行了深入的研究。在此基础上，总结出经验，包括：加强建筑拆除决策相关法律法规建设、明确建筑拆除决策专职部门及职责、建筑拆除决策流程增设建筑功能评估环节、建立法定的建筑拆除决策评价指标体系、科学编制城市规划、加强规划的执行力度、加强既有建筑的维护与保养和加强公众参与等，为后两章的研究工作提供了有力的参考。

6 建筑拆除决策评价指标体系构建

建筑拆除决策评价指标体系隶属于决策支持系统，是决策者进行决策的客观依据，将其应用于决策流程的关键环节，能使决策结果更具科学性和客观性，从而有效防止建筑拆除的盲目性和随意性。因此构建科学的决策评价指标系统是完善我国建筑拆除决策机制的核心内容。本章旨在立足可持续发展的城市更新理念，以合理延长城市既有建筑的寿命为目标，基于现有理论基础，结合第三章建筑使用寿命影响因素分析结果和国内外最佳实践经验总结，综合运用文献研究、专家会议、问卷调查、探索性因子分析和验证性因子分析等研究方法，构建一个科学建筑拆除决策评价指标体系。该评价体系的构建包括关键评价指标筛选、指标结构建立、指标权重计算、评价标准及评价方法设计等内容。

6.1 评价体系构建理论基础

6.1.1 国内外现行住宅性能评价体系分析

关于住宅性能评价指标体系，国内外的学者做了许多相关研究，并在实践领域取得较多的成果，英国、美国、日本等国家以及我国均建立了完整的评价体系。英国住宅性能评价指标体系（Housing Quality Indicator system，HQI）侧重于住宅的品质，而非简单的只关注成本，适用于新建或既有住宅[199]。评价指标综合考虑了住宅自身和周边环境两方面的要素，分为十个维度：区位，视觉效果、设计和景观，开放空间（休憩用地），道路和交通，尺度，单元布局，噪声、采光和设备，无障碍性，能源、绿化与可持续性，使用性能。此外，2007—2008 年，英国政府对住宅状况做了一次普查（English Housing Condition Survey，EHCS），住宅状况评价包括了建筑自身状况、环境安全性、规划地块特征、共享的设施和服务、邻里状况、区域条件等[200]。

美国的"住房选择优惠券计划"旨在为低收入家庭提供廉价的"合适、安全、卫生"的住房。为了实现这目的，美国联邦法规建立了住宅性能标准

（Housing Quality Standards，HQS）[201]。HQS 定义了"标准住房"，并建立了健康和安全方面必要的最低标准。HQS 规程规定了住宅的性能要求及满足各项性能要求的验收标准，性能要求涵盖了 13 个方面的内容：卫生设施、食物配置及废物处理、空间和安全、热环境、电力和照明、材料和结构、室内空气质量、供水、含铅油漆、安全性、街道和区域、卫生条件、烟雾探测器。

日本建筑中心于 2000 年建立了住宅品质保证法案（Housing Quality Assurance Act，HQAA），提出了 9 个方面、共 29 项的住宅品质评价指标，包括结构安全性、消防安全性、耐久性、日常维修管理、热环境性能、空气环境、光环境、噪声环境和老龄生活应对性[202]。HQAA 主要关注住宅的安全性（结构安全性、消防安全性、耐久性）和住宅的室内舒适性（热环境、空气环境、光环境、噪声环境），同时日本作为老龄化问题突出的国家，在评价体系中强调了老龄设施的重要性。

我国建设部标准定额所于 2005 年颁布了《住宅性能评定技术标准》（GB/T 50362—2005），是目前我国唯一的有关住宅性能的评定技术标准，适用于所有城镇新建和改建住宅。标准从适用性能、环境性能、经济性能、安全性能和耐久性五个方面对住宅的综合性能进行了评定。住宅性能按照综合评定得分分为 A、B 两级，其中 A 级住宅为执行了现行国家标准且性能好的住宅，B 级住宅为执行了现行国家强制性标准，但性能达不到 A 级的住宅。此外，我国台湾地区也建立了住宅性能评价指标体系，但主要适用于新建建筑，评价项目主要包括 8 项，分别是结构安全、防火安全、节能节水、维护管理、空气环境、光环境、声环境和无障碍设计[202]。世界卫生组织（WHO）定义了健康建筑评价体系的三个重要领域，分别是经济性/适用性、舒适性和安全性指标[202]。各国住宅性能评价体系的关键评定内容如表 6.1 所示。

表 6.1　国内外现行住宅性能评定技术标准关键评定项比较

评价体系	评定项（维度）	分项（指标）
《住宅性能评定技术标准》（GB/T 50362—2005）	适用性能	单元平面、住宅套型、建筑装修、隔声性能、设备设施、无障碍设施
	环境性能	建筑造型、绿地与活动场地、室外噪声与空气污染、水体与排水系统、公共服务设施、智能化系统
	经济性能	节能、节水、节地、节材
	安全性能	结构安全、建筑防火、燃气及电气设备安全、日常安全防范措施、室内污染物控制
	耐久性能	结构工程、装修工程、防水工程与防潮措施、管线工程、设备、门窗

评价体系	评定项（维度）	分项（指标）
HQI	区位	服务设施、零售设施、学校、文娱设施、公共交通、障碍物、噪声源
	视觉效果、布局、景观美化	视觉效果（建筑全面的视觉效应和与当地特征的关联性）、建筑布局（建筑之间、建筑与开放空间和场所的关系）、景观美化
	开放空间	公共与私人开放空间、场所安保、儿童娱乐场所、共享空间、停车场、地下车库、访客停车场
	道路和交通	路线设置常规要求、行车道的设置、人行道的设置、单元入口设置
	规模	室内空间、室内生活空间规模（通过数量衡量）
	单元布局	室内家具、设备可摆放情况及入口布局适宜性
	室内舒适度	噪音控制、照明、房间服务水平（包括电力、通信等）、附加装置、可更改性
	无障碍性（可达性）	电梯、轮椅使用设计、终生住房要求（如老年设施）等室内无障碍性和停车场、斜坡、阶梯等室外无障碍性
	可持续性（生态住宅）	节能、节水、节材、节地
	宜居性	建筑特征（文化、景观）融合度、建筑设计与建设水平、环境与社区状况、道路及步行区域设计的人性化和协调性
EHCS	建筑自身状况	结构安全性、基本设施（厨房、卫生间等）完善度、基本服务状况（电力系统、燃气系统、供热系统、安保系统、可达性、无障碍设施等）、建筑外立面
	环境安全性	水源、环境卫生、排水系统
	规划地块特征	建筑空置率、片区安全性（门房系统、门禁系统）、防火装置、消防安全设计
	共享的设施和服务状况	商店和公共休息室、外部照明等公共/电子服务、公共停车设施、园林植被等景观、物理磨损（正常磨损、差的设计/技术标准、涂鸦行为等）
	街区/邻里特征	街区内住宅/单元数量、街区内严重破损的住宅/单元数量、街区位置（位于重要交通干线/主干道/支线/私家路等）、交通稳净化措施
	区域条件	区域性质（发展定位）、区域内住宅数量、建筑的主要建设年代、主要的住宅类型、在售的住宅数量、区域的视觉景观质量、土地空置情况、产业入侵、街头停车场的烦扰、破败的园林/景观等

评价体系	评定项 （维度）	分项（指标）
HQS	—	卫生设施、食物配置及废物处理、空间和安全、热环境、电力和照明、材料和结构、室内空气质量、供水、含铅油漆、安全性、街道和区域、卫生条件等、烟雾探测器

资料来源：作者整理。

对比分析各国住宅性能评定标准可知，安全性、功能性、便利性、舒适度、经济性、健康性等方面的评价指标是各评价体系中的共同部分，这些指标更多的是考察住宅本身的内在特性。而美国和英国的评价体系则同时关注了住宅所处的社区/街道和区域的发展状况，将邻里和区域条件也作为评价住宅性能的重要指标。现有的评价体系关注于住宅现状条件的好坏，未涉及更新决策，因而评价指标缺乏建筑全生命周期的考虑，并欠缺社会效益、文化价值、外部环境影响等维度的评价。同时，上述评价体系只针对住宅建筑，未将公共建筑、工业建筑等其他建筑类型包含在内。

6.1.2 国内外相关研究

城市更新进程中，强调既有建筑的使用寿命，并不等于所有破损严重、失去使用及再利用价值的旧建筑都不能拆除，而是应建立一个科学合理的评价体系，对既有建筑进行综合评定，确定其是否应该被拆除[203-204]。既有建筑的更新决策，应该同时考虑两个方面，一是建筑现状的评估，二是不同更新模式下的建筑状况提升[217]。

为了评价既有建筑的物理条件和功能状态，需要建立一个包含评价标准和评估项的评价体系，用于评价既有建筑适合采用何种更新方式[202]。Brandt在欧洲公寓建筑性能评价方法的基础上，建立办公建筑更新策略的决策工具TOBUS，从建筑物理老化程度、建筑服务水平、室内空气质量等方面评价建筑的状况，并结合建筑的现状、潜在可改造项和改造成本，选择建筑更新的模式[146]。Rabun 和 Kelso 提出在决定既有建筑的更新模式前必须对建筑进行多方位评估，包括建筑物的结构评估，建筑材料的评估和改造的经济可行性评估等[205]。Itard 等用全寿命周期评价的方法，从外部环境影响维度对既有建筑改造和拆除重建两种模式进行了对比，认为环境影响是评价建筑是否应该拆除重建的重要指标[81]。Langston 等通过对经济、环境及社会因素与建筑适应性再利用的关联度分析，建立了既有建筑的适应性再利用潜力评价模型[116]。Juan 等全面权衡改造成本、建筑质量的提升和对环境的影响，建立既有办公建筑更新的综合决策支持系统[202]。马航从区域价值和建筑物理属性两方面分析了影响旧工业建筑可改造性的因素[49]。

贺静分析了整体生态观下的既有建筑的适应性再利用，并从生态价值、历史文化价值、建筑物质基础、经济可行性和社会效益五个方面定性构建了既有建筑适应性再利用的综合评估体系基本框架，作为评判既有建筑是否拆除的标准[140]。Kaklauskas 等进行了建筑更新的多元设计和多重标准分析研究，识别出了建筑更新的有效性评价的系列要素，包括更新成本、更新后每年的能源节约、预估的投资回收期、材料使用对健康性的影响、美学、维护性能、功能性、舒适度、隔音效果和建筑使用寿命等[206]。陈宁提出应把建筑使用寿命和建筑使用寿命周期成本效益作为建筑评价的重要指标[141]。许可在借鉴香港地区市区旧建筑改造工程中应用的评价方法的基础上，按照多目标决策的方法，综合考虑建筑的物质寿命、功能寿命、建筑风貌、经济效益以及社会效益五个目标，建立旧建筑改造的综合评价体系[207]，其中前三个目标用于既有建筑的现状评价，根据前三项的综合评分，划分改造等级，包括维持现状类、一般整治类、重点整治类和拆除类，后两项归类为改造预期效果评价，经济效益类指标包括资金回报率和运营模式可行性，社会效益类指标包括实现可持续发展、提升城市形象、促进经济发展和保护人文历史。

基于国内外相关研究可知，虽然关于既有建筑拆除决策评价尚未形成一致的指标体系，但既有建筑的物理状态（安全性、老化程度等）、使用性能（功能适用性、舒适度等）、生态价值（包括资源能源的消耗和对环境的影响）、社会效益、经济性（经济发展、能源节约、投资成本、收益等）、文化价值（美学价值、建筑风貌等）等指标是国内外学者在做既有建筑更新决策中普遍认为重要的评价指标。此外，评价体系还应同时涵盖建筑自身状况评估指标和外部环境（街区、区域）评估指标。

6.2 指标体系构建原则与方法

6.2.1 指标构建原则

城市既有建筑是城市系统的重要组成部分，不能被独立割离，城市更新中的建筑拆除决策指标体系的构建是一个复杂的体系，其目标是立足于城市和社会可持续发展，综合考虑建筑物理性能、经济、环境、社会、文化等多个方面的因素，科学评价既有建筑在城市更新过程中是否应被拆除或保留，从而使得我国建筑使用寿命得以合理的延长。因此，在构建评价指标体系中，应遵循以下原则。

（1）科学性原则

遵循科学性原则是保证评价指标体系规范、客观、合理的基础。首先，指标体系建立需要遵循科学的步骤，应基于对研究对象的广泛调研、专家论证和深入研究，确保整个过程的科学性和客观性，不能主观臆断；其次，选用指标的命名、含义、维度划分、权重计算、评价标准等均要有科学依据，并遵守学术规范，尽可能采用客观的分析和统计方法；最后，选取的指标需要有明确的含义，具有清晰的内涵和外延，能真实、客观、全面地反映出被评价对象的特性。建筑拆除决策评价体系中选用的指标，需要能客观真实地反映既有建筑的综合状态。同时，评价体系应该以可持续发展、新公共管理理论、利益相关者理论等相关理论为依据，结合我国经济社会的发展阶段和产权设置、现行政策法规体系等实际情况科学构建，以保证最终建立的评价体系能满足建筑拆除决策机制设计的要求。

（2）全面性原则

全面性原则要求评价体系立足其核心功能和目标，使所选用的指标尽量完整齐全，涵盖被评价对象的所有方面，并要求各指标的作用可以相互协调、互相补充，从而使评价体系能全面、系统、准确地反映出被评价对象的实际状况和特征。由于城市更新中的建筑拆除决策涉及既有建筑的运行、拆除和新建建筑的建设等各阶段的状态评价，因而完整的指标体系应体现建筑全寿命周期的特征。此外，建筑拆除与否取决于建筑安全性、使用性能等自身状态和社会、经济、文化、环境等众多外部因素的综合影响，因此，建筑拆除决策评价指标体系应基于建筑拆除影响因素，选取能综合评价每个维度性能的关键指标，使指标体系能全面和准确地评估既有建筑的综合性能，进而做出拆除与否的科学判断。

（3）典型性原则

典型性原则要求建立的评价体系中的每个指标均能帮助决策者明确被评价对象的关键特征和评价的关键问题。由于构建的既有建筑拆除决策评价体系需要作为决策者判断建筑拆除与否的依据，应用于城市更新实践，而经济、社会、环境等领域的可持续发展评价均是复杂的体系，无法将各维度下的所有指标均纳入建筑拆除决策评价体系中，因此，需要根据影响既有建筑拆除决策的关键因素选择有代表性的典型指标。同时，选择的指标应该通俗易懂，且具有通用性，如采用实践应用中的常规指标，或现有文献中出现频率较高的指标等。

（4）简明性原则

简明性原则要求选取的指标及指标描述简洁、清晰，不应过于烦琐和赘述，能简单明了地反映城市既有建筑自身和所处社会环境的主要特征。片面追求指标的全面性，容易造成指标体系的规模庞大，增加数据收集和处理的难度，大幅度地降低评价体系在实践应用中的可操作性。此外，评价体系中选用的各指标应尽可能层次清晰，减少相互交叉，避免意义重叠、具有前后推导关系、相关性强的指标。由于完整的既有建筑拆除决策评价体系涉及众多维度，各指标间难以存在绝对的独立性，如经济类指标与区域维度指标间存在一定的联系，但在评价指标的选取中，仍应尽可能选择独立性相对较强的指标，从而增强评价体系的科学性和准确性。

（5）可操作性原则

建立的评价体系必须能在实际操作中简单易行，指标的可操作性是评价体系能应用于实践及评价结果得以推广应用的前提。指标可操作性原则要求选择的指标无歧义、清晰明了，可以被定量化，指标的数据易于收集和后期计算，并可以长期连续、重复获得，从而尽可能减少因为决策者主观判断而造成的误差，以期得到准确的评价结果。由于建筑拆除决策评价体系涉及的范围很广，有些指标可以客观量化，如投资收益率等，而有些描述性指标则难以被客观测量，如文化价值等，因而评价指标选择应采用定量与定性相结合的原则，定量指标可以依据现有的标准进行客观赋值或可以被直接测量，而定性指标需要决策者或者专家基于经验进行主观赋值。

6.2.2 评价指标体系构建方法

合理的研究方法的应用是构建科学的评价指标体系的基础。本研究在构建建筑拆除决策评价指标体系中，综合运用了多种研究方法，包括文献研究、专家会议、问卷调查等。

（1）文献研究

采用文献研究的方法，对国内外现行的住宅性能评定标准进行对比分析，并进一步分析国内外在建筑拆除决策评价方面的相关研究，包括建筑状况评价、建筑可改造性评价、建筑更新模式评价等，作为既有建筑拆除决策评价指标体系的构建理论基础。基于文献研究方法，初步建立既有建筑拆除决策评价指标体系及各指标的评价标准。

（2）专家会议

在基于文献研究建立既有建筑拆除决策评价指标体系的基础上，通过专家会议，对指标和评价标准进行合理的修正，最终得到较为完善的初始评价指标体系。由于我国现阶段建筑拆除决策中，政府起着主导作用，因而参与讨论会的专家主要为相关行政主管部门（规划局、建设局、房管局等）中直接参与既有建筑拆除决策，且具有5年以上工作经验的人员。

（3）问卷调查

通过问卷调查，对初始评价体系中的各指标的重要性程度进行评价，根据重要性程度删减指标，并计算出各指标在评价体系中所占的权重，从而得到最终的建筑拆除决策评价指标体系。问卷（见附录1）的内容包括两部分，分别为访问对象背景资料和指标重要性程度选择，第二部分采用"等级评定量表"，针对各指标对"既有建筑拆除决策"的影响程度从"1"到"5"进行打分，其中："1"代表不需要考虑，"2"代表不重要，"3"代表重要，"4"代表比较重要，"5"代表非常重要。由于既有建筑拆除涉及的利益主体较多，拆除决策应充分考虑和体现各方利益主体的建议和需求，因而调查问卷的填写对象为城市更新中既有建筑拆除的利益相关者，包括政府相关部门、房地产开发商或投资者、拆迁户/既有建筑业主、咨询机构、专家学者、社会公众、公益组织等。

6.2.3 评价方法选择

建立包含多个指标的综合评价体系的过程中，确定各指标的权重是最基础和重要的工作。综合评价方法众多，按指标权重确定方式的不同，常用评价方法可分为两大类：一是主观赋权法，包括层次分析法（AHP）、德尔菲法、综合指数法、模糊综合评判法等；二是客观赋权法，如主成分分析法、因子分析法、熵值法、TOPSIS法等。陈衍泰等对20种常用综合评价方法的优缺点、适用对象等进行了比较分析[208]，根据该研究的结果，本研究选用因子分析法作为既有建筑拆除决策评价指标体系构建的评价方法。

因子分析法是将原变量按变量间相关性的大小进行分组，相关性较高的变量被分在同一组中，用一个公共因子或基本结构代表，将原始的多个变量和指标转换成较少的几个综合变量和综合指标。相较于其他评价方法，因子分析法具有以下几个方面的优点：一是没有指标数量的限制，当初始指标较多时，可以弥补需要主观删除指标的缺陷（如AHP一般要求指标个数控制在8～15个），因子分析法可以基于问卷调查获得的数据，采用统计分析的方法客观科学地筛选指标，并对指标进行归类。二是因子分析法对指标权重的确定，主要基于对问卷数据的统计分析，而非人为确定，因此分析结果兼具客观性和科学性。三是因子分析法需要基于大样本数据，而大样本是获得准确分析结果的重要保证。

因子分析法在本研究中的应用步骤为：先对指标变量进行归类、筛选和分层，从而获得稳定的指标体系基本结构，然后基于稳定的量表结构，确定评价体系中各指标的权重。因子分析法可以分为探索性因子分析（EFA）法和验证性因子分析法（CFA），验证性因子分析法是在探索性因子分析法的基础上发展起来的，两种方法的最大不同是它们分属于研究过程的两个阶段。EFA 的目的是建立量表的建构效度，是理论的产出，即在假定每个指标变量都与某个公共因子相对应的原则下，探究多个指标变量间的内在结构，确认公共因子的个数及各因子负荷量的组型。CFA 则是检验量表建构效度的适切性和真实性，是理论构架的检验，其需要有严谨的理论或概念构建作为基础，检验观测变量的因子个数和因子载荷与基于理论所预先建立的量表因素结构是否一致。

在管理研究的实际应用中，探索性因子分析法和验证性因子分析法往往被同时使用，两者不能截然分开[209]。当量表（评价指标体系）的构建缺乏坚实的理论支撑时，应先用探索性因子分析法对观测指标变量的内部结构进行分析，产生一个关于指标体系内部结构的理论，在此基础上应用验证性因子分析法，验证指标结构是否与实际数据相契合，并基于数据分析结果对于指标结构进行修正[210]。EFA 和 CFA 需要基于两组不同的数据，当样本容量足够大时，可以采用随机抽样的方法，将数据样本随机分成两部分，其中一部分用于 EFA，剩余一部分用于 CFA。由于验证性因子分析法只用到了结构方程中的测量模型，即潜在变量之间不存在因果关系，只存在共变关系，故而模型适配度检验中只对测量模型进行检验。

6.3 指标体系说明

基于国内外现行的住宅性能评价体系和相关研究，结合上文中建筑使用寿命的影响因素分析，通过专家讨论会，建立了初步的建筑拆除决策评价指标体系，如表6.2所示。该指标体系同时适用于城市更新背景下的民用建筑（居住建筑和公共建筑）和工业建筑。初始指标体系一共包含30个指标，按指标的属性，可分为建筑自身的指标和外部社会环境指标两大类，其中 $X_1 \sim X_7$、$X_{12} \sim X_{13}$、X_{16}、$X_{18} \sim X_{22}$ 属于建筑自身属性的指标，而 $X_8 \sim X_{11}$、$X_{14} \sim X_{15}$、X_{17}、$X_{23} \sim X_{30}$ 则为建筑外部社会环境指标。该评价体系包含了评价既有建筑综合状态的各个维度指标，包括物理性能指标、经济性指标、社会效益指标、可持续性指标、政策性指标等。建筑的物理性能指标指建筑的安全性能和使用性能等，如建筑结构安全性、建筑室内舒适度、建筑使用便捷性等。经济性指标包括建筑自身层面的经济性指标和区域层面的经济发展指标，建筑层面的经济指标有建筑全生命周期成本、建筑价值、投资回收率等，区域层面的经济发展指标有区域产业结构调整情况、土地价值增加预期、基础设施投资等。社会效益指标主要包括了既有建筑的历史文化价值评价和社会满意度评价指标，如业主需求和建筑艺术价值等。可持续性指标主要评价既有建筑不同更新模式下的资源能源消耗状况和对环境的影响程度，如全生命周期的资源能源消耗水平、环境和谐性等。政策性指标主要包括区域发展一致性、规划可持续性等。由于既有建筑拆除决策评价指标体系缺乏现成的量表，且初始评价体系中的指标按不同标准可以划分为不同维度，因此，本研究采用探索性因子分析法，基于数据的统计分析，结合理论和现实意义，对指标体系的结构进行探索。

表6.2　初始指标体系及指标说明

指标	指标说明	编号
结构安全性	建筑物的完损程度（工程质量、地基基础、荷载等级、抗震设防等）	X_1
消防安全性	建筑耐火等级、消防装置配备情况、建筑防火结构情况、疏散设施的配备及服务情况	X_2
建筑室内舒适度	室内声、光、热等舒适度水平和空气质量等	X_3
建筑使用便捷性	水电、管线、电梯、无障碍及老龄化等设施的配套及服务情况	X_4
建筑室内空间	室内空间布局和功能设置、空间尺度、可改造性	X_5
建筑规模	单栋建筑总面积	X_6
全生命周期资源能源消耗水平	建筑全生命周期内的（从建设、维护、改造到拆除）节水、节能、节地、节材情况	X_7
自然灾害	区域自然灾害发生的频率	X_8
环境安全性	建筑离污水及垃圾处理厂、危化设施等污染源/危险品的距离	X_9
配套资源情况	建筑离水体（江、湖、海）、公园、学校等自然景观与人工设施的距离	X_{10}
环境和谐	既有建筑对周边的生态环境是否具有破坏性；建筑周边植被和绿地等绿化是否满足相关标准要求	X_{11}
全生命周期成本	建筑一次性单位面积造价，建筑维护/改造、拆除（包括拆迁安置）费用	X_{12}
建筑价值	既有建筑二手房交易情况（交易率、同区域同类型既有建筑相对出售价格）；同一片区同类型建筑的相对租金	X_{13}

续表

指标	指标说明	编号
土地价值增长预期	既有建筑所属地块的土地价值在未来规划期内的增长水平预期	X_{14}
市场需求	片区/地块/单元建筑的空置率（评价旧建筑在市场中的接受程度，如某些租金低的旧建筑被低收入人群所欢迎）	X_{15}
投资回报率	不同更新模式下的投资回报率的差距（拆除重建、维护改造、综合整治等）	X_{16}
业主意愿	业主对于建筑拆除或者保留的意愿	X_{17}
历史延续价值	建筑与史料价值、历史事件和历史人物的关联程度	X_{18}
城市历史风貌价值	对特定时期社会风貌及城市发展阶段的反映	X_{19}
建筑艺术价值	建筑建设年代（建筑物楼龄），建筑独特性、稀缺性等	X_{20}
建筑技术价值	对特定时期工法与工程技术成就的反映	X_{21}
建筑风貌协调性	既有建筑到历史街区或名胜古迹的距离，与周边的建筑风格（历史街区、历史建筑、名胜古迹等）协调程度	X_{22}
交通通达性	建筑周边交通组织是否合理（是否拥堵），建筑距交通枢纽及公交站点的距离（交通便捷性），建筑离交通站点最远步行距离	X_{23}
商业区位	建筑距 CBD/商业中心的距离	X_{24}
公共服务设施可达性	社区及区域内公共服务设施的完善度和便利程度	X_{25}
区域发展一致性	既有建筑是否符合区域发展规划、土地利用规划、城市更新专项规划等的相关要求	X_{26}
规划可持续性	城市规划的合理性及变更频率	X_{27}
基础设施投资	道路、桥梁等区域内基础设施投资额	X_{28}
城市建筑空间刚性需求	城镇人口变化率	X_{29}
产业结构调整情况	区域第一、第二、第三产比例变化程度（产业结构的改变必将导致城市空间结构的置换）	X_{30}

6.4 评价指标体系构建

6.4.1 样本分布情况

本次问卷采用网络问卷的方式，在全国范围内选取了特定的问卷发放对象，共发出问卷305份，实际回收有效问卷276份，问卷回收率为90.5%。由于地域的局限性，重庆市所占的样本比例最高，为76%。在有效问卷的填答者中，94.20%的人认为构建既有建筑拆除决策评价指标体系很重要，超过44%的人在城市更新或建筑拆除领域的从业年限在5年以上，24.28%的人参与过城市既有建筑的拆除决策工作。本问卷填写对象为城市更新中既有建筑拆除的利益相关者，包括政府相关部门、房地产开发商或投资者、拆迁户/既有建筑业主、专家学者/咨询机构、社会公众、公益组织等，有效问卷中各类利益群体被试的占比如表6.3所示。

表6.3 有效问卷中各类被试群体的占比分布

利益相关者类型	人数	占比（%）
政府人员	21	7.61
房地产开发商/投资商及从业人员	89	32.25
专家学者/咨询机构研究人员	32	11.60
社团组织（公益机构）	15	5.43
拆迁及待拆迁户	14	5.07
社会大众（建筑相关专业背景）	105	38.04
合计	276	100

6.4.2 均值与方差分析

（1）总体样本均值分析

Cronbach's α系数是反映样本数据内部一致性的统计参数，是常用的问卷信度检验方法。本研究中，采用Cronbach's α系数检验，来确保各组样本的内部一致性。α系数的计算公式如下：

$$\alpha = \frac{k}{k-1}\left(1 - \frac{\sum S_i^2}{\sum S_x^2}\right) \tag{6-1}$$

其中，α表示，k为量表中的题项数，S_i^2为总样本中第i个题项的方差，S_x^2为总样本的方差。α系数的值在0到1之间，值越大，表明内部一致性越好。Cronbach's α可接受的最低信度水平为0.6，而0.7以上则为良好[210]。

基于SPSS17.0对总体样本进行内部一致性信度分析，得到α系数值为0.932，满足信度检验要求。计算出各指标重要性程度的样本均值和标准差，并将指标按均值的大小进行重要性程度排序，均值相同的指标，按标准差进行排序，标准差越小，重要性程度越高（表6.4）。从表6.5中可知，30个初设指标中，仅X_6（建筑规模）的重要性程度均值低于3分，为2.94。根据问卷设计原则，重要性程度在3分以上，表明该指标在既有建筑拆除决策评价体系中重要，因此将均值 3 分作为指标初步筛选的基准线，剔除均值低于 3 分的指标，获得 29 个重要指标。按照均值的分值范围，可 29 个指标划分为 3 个层级，分别是 4.5～4.0 分，共 6 个指标；4.0～3.5 分，共 17 个指标；3.5～3.0 分，共 6 个指标。第一层级的 6 个指标中，安全性指标占据了一半，包括结构安全性（X_1）、消防安全性（X_2）和环境安全性（X_9），其中结构安全性的重要性程度在 29 个指标中最高，均值为 4.39 分。

表6.4　总体样本均值与标准差

指标	均值	标准差	排序	指标	均值	标准差	排序	指标	均值	标准差	排序
X_1	4.39	1.02	1	X_{12}	3.73	0.99	11	X_{28}	3.59	1.04	21
X_9	4.20	0.96	2	X_{11}	3.70	1.04	12	X_{25}	3.51	1.10	22
X_{18}	4.19	0.98	3	X_{23}	3.67	1.09	13	X_3	3.50	1.11	23
X_2	4.18	1.01	4	X_7	3.67	1.13	14	X_{13}	3.48	1.01	24
X_{19}	4.11	0.96	5	X_{15}	3.62	1.05	15	X_{29}	3.48	1.06	25
X_{20}	4.02	1.07	6	X_{16}	3.61	1.05	16	X_{30}	3.48	1.07	26
X_{27}	3.91	1.03	7	X_4	3.61	1.09	17	X_{10}	3.45	1.14	27
X_{17}	3.90	0.94	8	X_{21}	3.61	1.09	18	X_{24}	3.34	1.11	28
X_8	3.90	1.15	9	X_{26}	3.61	1.05	19	X_5	3.34	1.12	29
X_{22}	3.83	1.01	10	X_{14}	3.61	1.08	20	X_6	2.94	1.16	30

N = 276

（2）样本方差分析

既有建筑拆除涉及多重利益主体，在拆除决策中，不同类型的利益主体所注重的要素有所差异，因而通过方差分析，分析利益主体类型这一控制变量对观测变量（评价指标）是否有较为显著的影响有较为明显的意义。由于各组样本的数量差别较大，因而在进行方差分析之前应进行方差齐性检验。根据方差齐性检验原理，若 $P < 0.05$，则拒绝方差整齐的假设，表示该观测变量不能采用方差分析，而应采用非参数检验。根据样本的方差齐性检验结果（表6.5)可知，除业主意愿（X_{17}）、建筑艺术价值（X_{20}）和公共服务设施可达性（X_{25}）外的 27 个指标 P 值均大于 0.05，因此该 27 个指标可以进行方差分析。

表 6.5　方差齐性检验

指标	Levene 统计量	df1	df2	显著性 (P)	指标	Levene 统计量	df1	df2	显著性 (P)
X_1	1.53	5	270	0.18	X_{16}	0.39	5	270	0.85
X_2	2.15	5	270	0.06	X_{17}	3.02	5	270	0.01
X_3	1.00	5	270	0.42	X_{18}	2.26	5	270	0.05
X_4	1.50	5	270	0.19	X_{19}	0.81	5	270	0.55
X_5	1.32	5	270	0.26	X_{20}	3.29	5	270	0.01
X_6	1.05	5	270	0.39	X_{21}	0.89	5	270	0.49
X_7	0.92	5	270	0.47	X_{22}	1.58	5	270	0.17
X_8	0.58	5	270	0.72	X_{23}	0.61	5	270	0.69
X_9	1.21	5	270	0.30	X_{24}	0.49	5	270	0.79
X_{10}	1.69	5	270	0.14	X_{25}	2.61	5	270	0.03
X_{11}	1.66	5	270	0.14	X_{26}	0.56	5	270	0.73
X_{12}	0.23	5	270	0.95	X_{27}	1.42	5	270	0.22
X_{13}	0.98	5	270	0.43	X_{28}	1.20	5	270	0.31
X_{14}	0.29	5	270	0.92	X_{29}	2.04	5	270	0.07
X_{15}	0.97	5	270	0.44	X_{30}	0.66	5	270	0.65

对满足方差齐性检验的 27 个指标进行方差分析，结果如表 6.6 所示。根据方差分析的原理，当 $P < 0.05$ 时，表明多组样本间存在显著性差异。根据表 6.6 可知，7 个指标在多组样本间存在显著性差异（总体均值不相等或不全相等），包括建筑使用便捷性（X_4，$P = 0.02$）、建筑规模（X_6，$P = 0.03$）、

表 6.6　ANOVA 分析结果

指标	显著性 (P)	指标	显著性 (P)	指标	显著性 (P)
X_1	0.61	X_{10}	0.02	X_{21}	0.02
X_2	0.28	X_{11}	0.04	X_{22}	0.01
X_3	0.08	X_{12}	0.87	X_{23}	0.20
X_4	0.02	X_{13}	0.28	X_{24}	0.32
X_5	0.05	X_{14}	0.19	X_{26}	0.91
X_6	0.03	X_{15}	0.90	X_{27}	0.46
X_7	0.01	X_{16}	0.56	X_{28}	0.22
X_8	0.17	X_{18}	0.21	X_{29}	0.59
X_9	0.18	X_{19}	0.28	X_{30}	0.18

全生命周期资源能源消耗水平（X_7，$P=0.01$）、配套资源情况（X_{10}，$P=0.02$）、环境和谐（X_{11}，$P=0.04$）、建筑技术价值（X_{21}，$P=0.02$）、建筑风貌协调性（X_{22}，$P=0.01$）。

各样本的指标重要性程度均值及标准差分布情况如表 6.7 所示。通过比较各组间均值的差异可知，拆迁及待拆迁户对建筑的便捷性、资源能源消耗水平、配套资源等指标的关注度较高，重要性程度评分均在 4 分以上。公益机构中的工作人员则对文化价值类指标关注度最高，其次是环境类指标。政府人员对建筑的规模关注度较高，而对建筑的性能和建筑文化价值的关注程度低于其他群体。综合各类型文化价值指标看，房地产开发商对该类型指标的关注程度在各群体中最低。专家学者对建筑性能类指标的关注程度相对较低，对文化价值类指标关注度较高。此外，社会大众对各类指标的关注程度较为均等。

表 6.7　各组样本均值及标准差分布情况

利益群体	政府人员 $N=21$		房地产开发商/投资商 $N=89$		学者及专家 $N=32$		社会团体/公益机构 $N=15$		拆迁及待拆迁户 $N=14$		社会大众 $N=105$	
指标	M	SD	M	SD	M	SD	M	SD	M	SD	M	SD
X_1	4.38	1.02	4.36	1.07	4.56	0.98	4.53	0.92	4.71	0.61	4.30	1.05
X_2	4.24	1.00	4.10	1.02	4.19	1.06	4.33	0.98	4.79	0.43	4.12	1.04
X_3	3.48	1.25	3.51	1.06	3.09	1.23	4.07	1.10	3.86	1.03	3.49	1.08
X_4	3.57	1.17	3.48	1.05	3.41	1.07	4.00	1.07	4.50	0.65	3.61	1.11
X_5	3.10	1.38	3.24	1.12	2.97	1.20	3.80	1.01	3.71	0.99	3.47	1.02
X_6	3.38	1.32	2.80	1.16	2.63	1.07	3.60	1.24	3.14	1.29	2.94	1.09
X_7	3.38	1.28	3.52	1.09	3.28	1.05	3.73	1.34	4.43	0.76	3.87	1.11
X_8	3.90	1.18	3.91	1.22	3.47	1.11	4.07	1.39	4.43	0.94	3.91	1.08
X_9	4.00	0.95	4.18	0.97	3.97	0.97	4.40	1.12	4.71	0.61	4.24	0.98
X_{10}	3.38	1.24	3.39	1.08	2.97	1.09	4.07	1.10	4.00	0.78	3.49	1.19
X_{11}	3.52	1.03	3.75	1.04	3.69	0.82	4.07	1.10	4.43	0.65	3.55	1.09
X_{12}	3.67	0.80	3.78	1.01	3.69	1.03	4.00	1.20	3.64	1.01	3.68	0.98
X_{13}	3.38	1.07	3.51	1.11	3.25	1.11	3.80	1.08	3.93	0.73	3.45	0.98
X_{14}	3.95	1.02	3.61	1.08	3.53	1.11	3.67	1.11	4.14	0.86	3.48	1.08
X_{15}	3.57	1.21	3.70	1.09	3.47	0.95	3.60	1.35	3.79	1.12	3.59	0.98
X_{16}	3.86	1.06	3.70	1.09	3.56	1.11	3.67	1.23	3.79	0.98	3.48	0.99

续表

利益群休	政府人员 $N=21$		房地产开发商/投资商 $N=89$		学者及专家 $N=32$		社会团体/公益机构 $N=15$		拆迁及待拆迁户 $N=14$		社会大众 $N=105$	
X_{17}	3.67	1.32	3.78	0.89	3.94	1.01	3.80	1.21	4.43	0.65	3.99	0.85
X_{18}	4.14	0.91	4.11	1.13	4.31	0.93	4.80	0.41	4.21	0.89	4.14	0.91
X_{19}	4.14	0.79	3.99	1.06	4.22	0.87	4.60	0.63	4.29	0.99	4.08	0.96
X_{20}	4.14	1.01	3.98	1.12	4.28	0.89	4.80	0.41	4.07	0.92	3.84	1.12
X_{21}	3.14	1.15	3.48	1.04	3.59	1.16	4.40	0.74	3.86	1.17	3.67	1.09
X_{22}	3.57	1.29	3.80	1.01	3.84	1.02	4.53	0.74	4.43	0.85	3.72	0.95
X_{23}	3.67	1.07	3.66	1.15	3.31	1.06	3.80	0.94	4.21	0.98	3.70	1.07
X_{24}	3.05	1.24	3.36	1.09	3.09	1.12	3.27	1.22	3.79	0.80	3.42	1.11
X_{25}	3.33	1.32	3.47	1.12	3.22	1.01	3.67	1.29	4.07	0.73	3.57	1.07
X_{26}	3.57	1.21	3.57	1.05	3.44	1.11	3.60	1.18	3.71	0.99	3.68	1.00
X_{27}	3.81	1.25	3.88	1.04	3.63	1.10	4.07	1.16	4.21	1.05	3.97	0.92
X_{28}	3.67	1.28	3.52	1.07	3.25	1.05	3.80	1.00	4.00	0.96	3.65	1.01
X_{29}	3.29	1.45	3.51	1.01	3.25	1.11	3.80	1.08	3.50	0.94	3.51	1.00
X_{30}	3.24	1.18	3.53	1.11	3.16	1.02	3.93	0.96	3.71	1.07	3.48	1.02

6.4.3 探索性因子分析

（1）参数检验

根据 Gorsuch 的研究，进行因子分析时，题项与被试者间较为合理的比例为 1∶5，且总体样本规模应不少于 100[211]，因此在本研究中，通过随机抽样，从 276 份有效问卷中抽取 150 份问卷用于探索性因子分析，剩余的 126 份则用于验证性因子分析。通过对抽取的 150 份问卷进行信度分析，得到信度系数 α 的值为 0.93，满足问卷的内部一致性信度检验要求。

在做因子分析之前，需要进行 Bartlett 检验和 KMO 检验，来检测数据是否适合做因子分析。KMO 值越接近 1，则该组数据越适合做因子分析，根据 Kaiser 的观点[212]，一般情况下，KMO 值最低要求为大于 0.60，当 KMO 值小于 0.50 时，则不适合进行因子分析。对本研究中随机抽样获得的 150 份问卷的指标部分进行统计分析，得到 Bartlett 检验的卡方值为 2 264.093，P 值为 0.00，达到 0.01 显著水平，KMO 值为 0.895 > 0.60，表明样本总体间有共同因素存在，该组数据适合进行因子分析。

（2）指标筛选

反映像相关矩阵的对角线数值代表每一个变量的取样适当性量数（Measure of Sampling Adequancy，MSA），个别变量的 MSA 值越接近 1，表示该变量越适合纳入到因子分析中，MSA 值大于 0.70 时，表示可以被接受，MSA 值大于 0.60 时，表示勉强合适，MSA 值小于 0.50 时，表明该变量不适合进行因子分析。共同性又称为公共因子方差，也是因子分析时筛选变量是否适合的指标之一，共同性越高，表示该变量与其他变量可测量的共同特质越多，共同度一般的接受标准是大于 0.3。因子荷载体现了共同因子对变量的解释程度，选取的因子载荷越大，因子结构越佳。根据 Comrey 和 Lee 的意见，只有因子荷载在 0.32 以上的变量才能被解释，因子荷载在 0.45 以上，状况为普通，因子载荷大于 0.71 时，属于理想状况[213]。故而，本研究设定因子分析中指标删除的原则和步骤为：从最差的指标开始删除，每次只删除一个，即进行新的因子分析，逐个删除指标，直至出现最佳因子结构为止。在指标删除过程中，首先采用主成分分析方法，不旋转，删除 MSA 值低于 0.7 和共同度低于 0.3 的指标；其次采用正交旋转，删除因子荷载低于 0.45 的指标；接着删除存在双负荷或多负荷（同时在两个或者多个公共因子中的荷载超过 0.45）的指标。按照上述原则删除的指标如表 6.8 所示，其中建筑规模指标（X_6）由于总体样本均值低于 3.0，故而在因子分析之前，就将其删除。根据第一轮专家讨论会可知，业主意愿是城市更新中决定既有建筑是否拆除的重要因素，因而业主意愿（X_{17}）应作为重要的指标被纳入建筑拆除决策评价体系。而在因子分析中，该指标在各公共因子上的荷载值低于 0.45，表明该指标与其他指标的相关性均较弱，无法进行归类，因而被删除。针对方法上的局限性，本研究为使既有建筑拆除决策更具实践指导意义，将业主意愿的重要性在决策流程中重点体现。

表 6.8　指标删除情况

删除的指标	删除原因
X_6	均值低于 3.0
X_{26}	荷载值低于 0.45
X_{17}	荷载值低于 0.45

（3）公共因子提取

在探索性因子分析中，常用的确定公共因子数量的筛选标准有以下几种：一是 Kaiser 的特征值大于 1 的原则，二是碎石图检验法，三是方差百分比决定法，四是事先决定准则法。由于上述四种原则都存在一定的局限性，在实际应用中，往往同时采用多种标准来确定合适的因子数量[210]。本研究中，参照碎石图，同时依据特征值大于 1 和累计解释方差在 60% 以上的原则进行公共因子的萃取。按照上述标准，提取了 6 个公共因子（表 6.9），累积解释方差为 66.28%。

表 6.9　提取公共因子的解释总方差

成分	初始特征值			提取平方和载入			旋转平方和载入		
	合计	方差的（%）	累积（%）	合计	方差的（%）	累积（%）	合计	方差的（%）	累积（%）
1	9.41	34.84	34.84	9.41	34.84	34.84	3.71	13.75	13.75
2	2.51	9.29	44.13	2.51	9.29	44.13	3.35	12.41	26.16
3	2.07	7.67	51.79	2.07	7.67	51.79	3.11	11.51	37.67
4	1.64	6.08	57.87	1.64	6.08	57.87	2.83	10.49	48.16
5	1.20	4.43	62.30	1.20	4.43	62.30	2.63	9.72	57.89
6	1.07	3.98	66.28	1.07	3.98	66.28	2.27	8.40	66.28

根据各公共因子上所落指标的特征，综合考虑其他指标（表 6.10），对各因子进行命名。因子 1 主要表达既有建筑的室内（声光热、空间尺度等）、外（景观环境等）舒适度，电梯等建筑内部设施及周边配套资源的完善度及使用便捷性，同时该因子还涉及了环境方面的评价指标（全生命周期资源能源消耗水平），因此将其命名为使用性能（Service Performance，SP）。因子 2 中的指标主要考察既有建筑的市场价值及其与地租之间的差距，并从投资建设的角度评价既有建筑在不同更新模式下的成本与收益的差距，因而将该因子命名为经济效益（Economic Benefit，EB）。因子 3 的内涵主要为评价既有建筑文化价值的各类指标，因此将其命名文化价值（Cultural Value，CV）。因子 4 包括的指标主要立足于建筑外部一个较大的区域，评价人口、经济、规划、基础设施等方面的状况，因此将其命名为区域发展（Regional Development，RD）。因子 5 所属的公共服务设施区位、商业区位、交通区位和政策区位（区域发展一致性）等指标，表达了既有建筑综合区位状况，因而将该因子命名为建筑区位（Building Location，BL）。因子 6 涵盖了各类涉及既有建筑安全性能的指标，包括建筑自身质量安全（结构安全、消防安全）和建筑外部环境安全两个方面，故而将其命名为建筑安全（Building Safety，BS）。通过检验各因子的内部一致性信度发现，使用性能（α=0.85）、经济效益（α=0.85）、文化价值（α=0.83）、区域发展（α=0.80）、建筑区位（α=0.82）和建筑安全（α=0.74）六个因子的 Cronbach's α 系数值均满足内部一致性信度要求。

6.10　公共因子荷载分布表

因子名称	指标	因子负荷						共同度
		1	2	3	4	5	6	
使用性能（SP）	X_4 - 建筑使用便捷性（SP1）	0.78						0.75
	X_5 - 建筑室内空间（SP2）	0.74						0.68
	X_3 - 建筑室内舒适度（SP3）	0.67						0.65
	X_{10} - 配套资源情况（SP4）	0.64						0.56
	X_7 - 全生命周期资源能源消耗水平（SP5）	0.49						0.59
经济效益（EB）	X_{16} - 投资回报率（EB1）		0.81					0.71
	X_{14} - 土地价值增长预期（EB2）		0.80					0.70
	X_{13} - 建筑价值（EB3）		0.73					0.66
	X_{15} - 市场需求（EB4）		0.70					0.68
	X_{12} - 全生命周期成本（EB5）		0.57					0.51
文化价值（CV）	X_{20} - 建筑艺术价值（CV1）			0.84				0.77
	X_{19} - 城市历史风貌价值（CV2）			0.74				0.73
	X_{18} - 历史延续价值（CV3）			0.72				0.60
	X_{22} - 建筑风貌协调性（CV4）			0.68				0.66
	X_{21} - 建筑技术价值（CV5）			0.67				0.66
区域发展（RD）	X_{29} - 城市建筑空间刚性需求（RD1）				0.73			0.66
	X_{30} - 产业结构调整情况（RD2）				0.70			0.63
	X_{28} - 基础设施投资（RD3）				0.66			0.64
	X_{27} - 规划可持续性（RD4）				0.55			0.68
建筑区位（BL）	X_{25} - 公共服务设施可达性（BL1）					0.76		0.80
	X_{24} - 商业区位（BL2）					0.73		0.71
	X_{23} - 交通通达性（BL3）					0.64		0.67
	X_{26} - 区域发展一致性（BL4）					0.53		0.63
建筑安全（BS）	X_1 - 结构安全性（BS1）						0.80	0.68
	X_9 - 环境安全性（BS2）						0.61	0.65
	X_8 - 自然灾害（BS3）						0.57	0.55
	X_2 - 消防安全性（BS4）						0.56	0.67
特征值	—	3.71	3.35	3.12	2.83	2.63	2.27	—
贡献率(%)	—	13.75	12.41	11.51	10.49	9.72	8.40	—

6.4.4 验证性因子分析

（1）构建预设模型

在探索性因子分析的基础上，将公共因子设定为一阶潜变量，各指标为观测变量，建立既有建筑拆除决策评价指标体系的一阶验证性因子分析模型，如图6.1所示。预设模型中有六个一阶潜变量和27个观测变量，分别用BS、SP、EB、CV、BL、RD代表建筑安全、使用性能、经济效益、文化价值、建筑区位、区域发展六个潜在变量下的观测变量。根据六个潜变量所包含的观测变量的属性，假设文化价值与其他五个潜在变量间互不相关，而另外五个潜在变量间两两相关，因而设定文化价值与其他潜在变量间的共变关系为0。

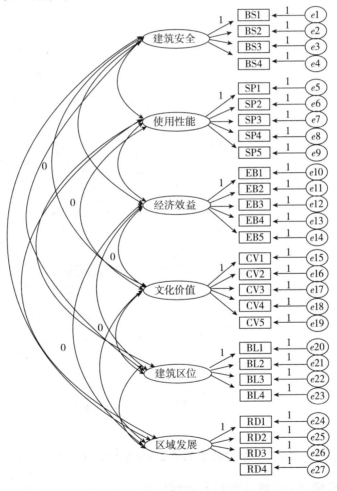

图6.1 一阶验证性因子分析预设模型

同时，在该模型中，假设观测变量之间不存在误差共变和跨负荷值，即每个观测变量只受到一个一阶潜变量的影响。

（2）模型适配度检验

本研究采用 AMOS20.0 软件，输入原始数据，选择最大似然法进行估计参数迭代，检验模型与调查数据之间的拟合程度。标准化路径系数在验证性因子分析中也称为因素加权值或因素负荷量，表达了共同因素对观测变量的影响，从因素负荷量的数值可以知道观测变量在各潜在因素中的相对重要性。预设验证性因子分析标准化估计值模型如图 6.2 所示，五个潜在变量（除文化价值）两两间的协方差均在 0.001 水平下达到显著，表明这五个变量间有显著的共变关系。

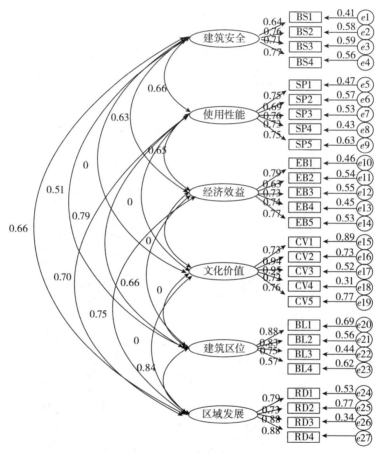

图6.2 预设验证性因子分析标准化估计值模型

根据预设模型的标准化路径系数估计值（表 6.11），可知六个潜在变量

与 27 个测量指标间的因素负荷量均在 0.50～0.95，且所有误差变异均在
0.001 水平下达到显著。同时，各参数估计值的标准误介于 0.084 和 0.209，
不存在很大的标准误。因此，可以认定该预设模型的基本适配度良好。

表 6.11 预设模型标准化路径系数估计值

	测量指标	建筑安全	使用性能	经济效益	文化价值	建筑区位	区域发展
BS1	结构安全性	0.64					
BS2	环境安全性	0.76					
BS3	自然灾害	0.71					
BS4	消防安全性	0.77					
SP1	建筑使用便捷性		0.75				
SP2	建筑室内空间		0.69				
SP3	建筑室内舒适度		0.76				
SP4	配套资源情况		0.73				
SP5	全生命周期资源能源消耗水平		0.65				
EB1	投资回报率			0.79			
EB2	土地价值增长预期			0.68			
EB3	建筑价值			0.73			
EB4	市场需求			0.74			
EB5	全生命周期成本			0.67			
CV1	建筑艺术价值				0.73		
CV2	城市历史风貌价值				0.94		
CV3	历史延续价值				0.85		
CV4	建筑风貌协调性				0.72		
CV5	建筑技术价值				0.56		
BL1	公共服务设施可达性					0.88	
BL2	商业区位					0.83	
BL3	交通通达性					0.75	
BL4	区域发展一致性					0.67	
RD1	城市建筑空间刚性需求						0.79
RD2	产业结构调整情况						0.73
RD3	基础设施投资						0.88
RD4	规划可持续性						0.58

关于整体模型适配度评价指标的争论较多，从 1973 年 Tucker 和 Lewis 提出第一个指数 TLI 到 1996 年 Marsh 和 Balla 提出 NTLI 指标，文献上正式发表的指标有 40 多个[214]。根据 Bogozzi 和 Yi 的观点，整体模型适配度指标主要分为绝对适配指数、相对适配指数和简约适配指数三类指标[214]。本研究分别选取绝对适配度指数中的 RMSEA 值，增值适配度指数中的 CFI 值和 TLI 值，简约适配度指数中的 PNFI 值、PGFI 值和 χ^2 自由度比作为结构方程整体模型的适配度检验指标[215]。上述各指标的适配标准分别为 RMSEA 值 < 0.08（其中小于 0.05 为优良，小于 0.08 为良好）；CFI 值 > 0.90；TLI 值 > 0.90；PNFI 值 > 0.50；PGFI 值 > 0.50；1 < χ^2/df < 3，表示模型有简约适配程度，大于 5 时，表示模型需要修正。根据预设模型的拟合结果，得到 RMSEA 值为 0.88，CFI 值为 0.845，TLI 值为 0.826，PNFI 值为 0.65，PGFI 值为 0.611，χ^2 自由度比为 1.977，对比各指标的适配临界值可知，RMSEA、CFI 值和 TLI 值低于判断标准，表明初设模型与调查数据的整体模型适配度不理想，因而预设模型需要进行修正。

基于预设模型，结合理论可行性进行模型的修正，最终得到修正后的标准化估计模型，如图 6.3 所示。在 AMOS 软件中，修正指标输出表中内定的修正指标值的临界值为 4，当修正指标值大于 5 时，表明该残差值具有修正的必要[210]。在模型修正中，本研究遵循下列原则：逐次释放假定，即一次只修正模型中的一个参数，每修正一个参数即重新进行模型检验；按照修正指标值（从大到小）进行模型修正，无论进行变量间的参数释放（建立变量间的共变关系）或变量间因果关系路径删除，均与理论相契合，不能违背 SEM 的假定或与理论模型假定；当修正指标值不大，但参数改变栏数值的绝对数值很大时，也可以考虑将其纳入修正模型的自由参数。如，设定测量误差 $e9$ 和 $e19$ 间有共变关系，即认为观测变量全生命周期资源能源消耗水平（SP5）和建筑技术价值（CV5）的某些特质类同，可以减少卡方值 15.992，但该设定违反了文化价值与其他潜在因素间不存在共变关系的理论模型假定，因而不进行该项修正。此外，根据模型检验结果，设定测量误差 $e6$ 和潜在变量建筑安全间有共变关系，则卡方值可以减少 12.833，但此种关系的设定违反了测量指标的残差与潜在因素间无关的 SEM 基本假设，故而此种共变关系不能释放估计。

本研究中由于 27 个测量指标在既有建筑拆除决策评价实践中均有很强的现实意义，故而在模型修正中不进行指标的删除，主要进行变量间的释放。根据图 6.3 可知，修正模型一共进行了 11 次满足上述原则的变量间的释放。既有建筑的结构安全与消防安全相互影响，因而测量误差 $e1$ 和 $e4$ 之间建立共变关系。建筑使用便捷性指标、建筑室内空间指标和建筑舒适度指标之间存在较强的相关性，故而测量误差 $e5$、$e6$、$e7$ 之间互相建立共变关系。配套资源情况和全寿命周期资源能源消耗水平间均存在一定相关性，建立测量误差 $e8$ 和 $e9$ 之间的共变关系。土地价值增长预期会影响该土地上既有建筑的市场需求，反之，市场需求程度也会影响土地未来一个阶段内的价值，因而两者之间相关性较强，故将测量误差 $e11$ 和 $e13$ 之间设定共变关系。作为潜在变量文化价值的观测变量，五个测量指标间存在相关性，根据修正指标值的大小，在测量误差 $e18$ 和 $e19$ 之间设定共变关系。潜在变量建筑区位和区域发展之间存在强相关系，因而两个潜在变量的观测变量之间也存在一定的共变性，如测量指标规划可持续性（一定时期内规划更改的频率）会影响既有建筑所处片区的发展和土地用途的变更，即区域发展一致性，因此，根据指标修正值，分别在测量误差 $e21$ 和 $e22$，$e22$ 和 $e25$，$e23$ 和 $e27$，$e25$ 和 $e26$ 之间建立共变关系。

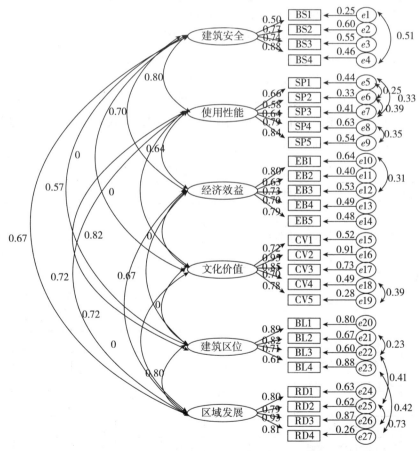

图 6.3　修正验证性因子分析标准化估计值模型

修正模型的潜在变量两两间的协方差估计在 0.001 水平下达到显著，且两两变量间的相关性均为正相关（文化价值除外），其中建筑区位与区域发展、使用性能与建筑区位、建筑安全与使用性能的相关系数分别在 0.80 ~ 0.82，呈现高度相关（大于 0.75），经济效益与区域发展、使用性能与区域发展、建筑安全与区域发展、经济效益与建筑区位、建筑安全与建筑区位、使用性能与经济效益、建筑安全与经济效益之间的相关系数位于 0.57 ~ 0.72。同时，修正模型参数估计值的 t 检验均在 0.001 水平下达到显著，且各测量指标与潜在变量间的因素负荷量均在 0.50 ~ 0.95。因而，可以认为修正后的验证性因子分析模型的基本拟合度较好。

指标变量的多元相关系数的平方（R^2），表示单个观测变量的方差被其潜在变量解释的程度，该值也是单个观测变量的信度系数。R^2 值在 0 ~ 1，其值越大，表明观测变量被潜在变量解释的变异量越多，指标变量的信度更好。Bogozzi 和 Yi 认为，模型中个别观测变量的信度系数值应大于 0.5，此时表明模型的内在质量检验良好[214]。而 Thomson 等则指出单个观测变量的信度检验 R^2 值没有统一的标准，只是当其越接近 1，测量指标的信度越好[210]。如表 6.12 所示，列出了修正模型中各测量指标和潜在变量间的标准化路径系数及各指标变量的 R^2 值。根据表 6.13，可知 BS1、BS4、SP1、SP2、SP4、EB2、EB4、EB5、CV5、BL4、RD4 的 R^2 值小于 0.5，但由于这几项指标在现实应用中非常重要，因而不进行删除。

表 6.12　修正模型标准化路径系数及 R^2 估计值

	测量指标	建筑安全	使用性能	经济效益	文化价值	建筑区位	区域发展	R^2
BS1	结构安全性	0.50						0.25
BS2	环境安全性	0.78						0.60
BS3	自然灾害	0.74						0.55
BS4	消防安全性	0.68						0.46
SP1	建筑使用便捷性		0.66					0.44
SP2	建筑室内空间		0.58					0.33
SP3	建筑室内舒适度		0.64					0.41
SP4	配套资源情况		0.79					0.63
SP5	全生命周期资源能源消耗水平		0.74					0.54
EB1	投资回报率			0.80				0.64
EB2	土地价值增长预期			0.64				0.40

续表

	测量指标	建筑安全	使用性能	经济效益	文化价值	建筑区位	区域发展	R^2
EB3	建筑价值			0.73				0.53
EB4	市场需求			0.70				0.49
EB5	全生命周期成本			0.69				0.48
CV1	建筑艺术价值				0.72			0.52
CV2	城市历史风貌价值				0.95			0.91
CV3	历史延续价值				0.85			0.73
CV4	建筑风貌协调性				0.70			0.49
CV5	建筑技术价值				0.53			0.28
BL1	公共服务设施可达性					0.89		0.80
BL2	商业区位					0.82		0.67
BL3	交通通达性					0.71		0.50
BL4	区域发展一致性					0.61		0.38
RD1	城市建筑空间刚性需求						0.80	0.63
RD2	产业结构调整情况						0.79	0.62
RD3	基础设施投资						0.93	0.87
RD4	规划可持续性						0.51	0.26

表 6.13 详细罗列了本研究中选用的整体模型适配度检验指标的评价标准，以及预设模型和修正后模型中各项指标的估计值。对比表 6.13 中的数据可知，除了 TLI 指标的值略低于评价标准外（0.893<0.9），其余指标均显示修正模型与调查数据的整体模型拟合度较好。

表 6.13　预设模型和修正模型的整体模型适配度检验汇总表

模型拟合度检验	预设模型	修正模型	标准
χ^2/df	1.977	1.603	<3.0
RMSEA	0.088	0.069	<0.08
CFI	0.845	0.907	>0.9
TLI	0.826	0.893	>0.9
PNFI	0.650	0.683	>0.5
PGFI	0.611	0.632	>0.5

6.5 指标权重计算

6.5.1 公共因子权重

公共因子 F_i 的方差贡献率定义为因子荷载矩阵 A 中第 i 列各元素的平方和，即

$$S_i = \sum_{j=1}^{p} a_{ij}^{2} \qquad (6-2)$$

其中，S_i 为因子 F_i 的方差贡献率，其值反映了该因子对所有原始变量总方差的解释能力，也是因子对总目标的贡献程度，其值越高，表示因子的重要程度越高。因而，各公共因子对总目标的权重可以利用各因子的方差贡献率 S_i 来确定。通过将各公共因子的方差贡献率进行归一化处理，用 A_i（$i=1$，2，3，4，5，6）代表因子 F_i 在整体评价体系中的权重，则计算公式如下：

$$A_i = S_i/(S_1 + S_2 + \cdots + S_6) \qquad (6-3)$$

按上述公式，计算出 6 个因子的权重如表 6.14 所示。

表 6.14　主因子权重

主因子	名称	权重（A_i）
1	使用性能	0.21
2	经济效益	0.19
3	文化价值	0.17
4	区域发展	0.16
5	建筑区位	0.15
6	建筑安全	0.13

6.5.2 各指标在公共因子上的权重

因子荷载 a_{ij} 是落在第 i 个因子上第 j 个指标与第 i 个因子的相关系数，即在第 i 个公共因子变量上的相对重要性。因此，a_{ij} 的绝对值越大，则公共因子和原有变量 X_{ij} 的关系越强。通过对各指标在对应主因子上荷载系数的归一化处理，即可得到各指标在各主因子上的权重系数，其计算公式如下：

$$B_{ij} = a_{ij}/\sum_{j=1}^{n} a_{ij}(i=1,2,\cdots,6; n=5,5,5,4,4,4) \qquad (6-4)$$

其中，B_{ij} 为第 j 个指标在第 i 个因子中的权重，a_{ij} 为第 i 个因子下第 j 个指标的因子荷载值，n 为第 i 个因子下的指标数量。

基于上述公式，各指标在相应因子上的权重如表 6.15 所示。

表 6.15　各指标在相应因子上的权重

因子名称	指标	权重 (B_{ij})
使用性能 (SP)	X_4 – 建筑使用便捷性 (SP1)	0.23
	X_5 – 建筑室内空间 (SP2)	0.22
	X_3 – 建筑室内舒适度 (SP3)	0.20
	X_{10} – 配套资源情况 (SP4)	0.19
	X_7 – 全生命周期资源能源消耗水平 (SP5)	0.15
经济效益 (EB)	X_{16} – 投资回报率 (EB1)	0.22
	X_{14} – 土地价值增长预期 (EB2)	0.22
	X_{13} – 建筑价值 (EB3)	0.20
	X_{15} – 市场需求 (EB4)	0.19
	X_{12} – 全生命周期成本 (EB5)	0.16
文化价值 (CV)	X_{20} – 建筑艺术价值 (CV1)	0.23
	X_{19} – 城市历史风貌价值 (CV2)	0.20
	X_{18} – 历史延续价值 (CV3)	0.20
	X_{22} – 建筑风貌协调性 (CV4)	0.19
	X_{21} – 建筑技术价值 (CV5)	0.18
区域发展 (RD)	X_{29} – 城市建筑空间刚性需求 (RD1)	0.28
	X_{30} – 产业结构调整情况 (RD2)	0.27
	X_{28} – 基础设施投资 (RD3)	0.25
	X_{27} – 规划可持续性 (RD4)	0.21
建筑区位 (BL)	X_{25} – 公共服务设施可达性 (BL1)	0.29
	X_{24} – 商业区位 (BL2)	0.27
	X_{23} – 交通通达性 (BL3)	0.24
	X_{26} – 区域发展一致性 (BL4)	0.20
建筑安全 (BS)	X_1 – 结构安全性 (BS1)	0.31
	X_9 – 环境安全性 (BS2)	0.24
	X_8 – 自然灾害 (BS3)	0.22
	X_2 – 消防安全性 (BS4)	0.22

6.5.3 各指标在评价体系中的权重

在求得公共因子在整体评价体系中的权重和各指标在对应公共因子上的权重后，即可求得指标 j 在评价体系中的权重 W_{ij}，其计算公式如下：

$$W_{ij} = A_i B_{ij} \qquad\qquad (6-5)$$

依据上述公式，得到各指标在整体评价体系中的权重，如表6.16所示。

表6.16 评价体系中各指标权重

因子名称	权重（A_i）	指标	权重（B_{ij}）	权重（W_{ij}）
使用性能（SP）	0.21	X_4 - 建筑使用便捷性（SP1）	0.23	4.93%
		X_5 - 建筑室内空间（SP2）	0.22	4.68%
		X_3 - 建筑室内舒适度（SP3）	0.20	4.24%
		X_{10} - 配套资源情况（SP4）	0.19	4.05%
		X_7 - 全生命周期资源能源消耗水平（SP5）	0.15	3.10%
经济效益（EB）	0.19	X_{16} - 投资回报率（EB1）	0.22	4.26%
		X_{14} - 土地价值增长预期（EB2）	0.22	4.21%
		X_{13} - 建筑价值（EB3）	0.20	3.84%
		X_{15} - 市场需求（EB4）	0.19	3.68%
		X_{12} - 全生命周期成本（EB5）	0.16	3.00%
文化价值（CV）	0.17	X_{20} - 建筑艺术价值（CV1）	0.23	3.91%
		X_{19} - 城市历史风貌价值（CV2）	0.20	3.45%
		X_{18} - 历史延续价值（CV3）	0.20	3.35%
		X_{22} - 建筑风貌协调性（CV4）	0.19	3.17%
		X_{21} - 建筑技术价值（CV5）	0.18	3.12%
区域发展（RD）	0.16	X_{29} - 城市建筑空间刚性需求（RD1）	0.28	4.42%
		X_{30} - 产业结构调整情况（RD2）	0.27	4.24%
		X_{28} - 基础设施投资（RD3）	0.25	4.00%
		X_{27} - 规划可持续性（RD4）	0.21	3.33%
建筑区位（BL）	0.15	X_{25} - 公共服务设施可达性（BL1）	0.29	4.29%
		X_{24} - 商业区位（BL2）	0.27	4.12%
		X_{23} - 交通通达性（BL3）	0.24	3.61%
		X_{26} - 区域发展一致性（BL4）	0.20	2.99%

因子名称	权重（A_i）	指标	权重（B_{ij}）	权重（W_{ij}）
建筑安全（BS）	0.13	X_1 – 结构安全性（BS1）	0.31	4.09%
		X_9 – 环境安全性（BS2）	0.24	3.12%
		X_8 – 自然灾害（BS3）	0.22	2.92%
		X_2 – 消防安全性（BS4）	0.22	2.87%

6.6　指标评价标准

在建立既有建筑拆除决策评价指标体系，并计算出各项指标在评价体系中所占的权重后，采用专家讨论会的方法，结合现行的相关标准规范，对各项指标制订出了科学的具有可操作性的评分标准和评价依据（详见附录2）。由于工业建筑与民用建筑的特征差异较大，而使用便捷性、建筑室内空间、建筑室内舒适度等使用性能类指标的评价依据尚缺乏完善的规范标准，相应指标的得分难以客观获得，因此，本研究建立的评价标准适用于居住建筑和公共建筑等民用建筑，暂不适用于既有工业建筑的拆除决策。

为了使专家对各指标的赋值更客观和减少不同专家间的打分误差，评价体系中六个维度下的指标均采用5分制，满分为5分，最低分为1分，指标得分越高，表明既有建筑对应项的性能越好，反之，得分越低，既有建筑该项的性能越差。其中，文化价值维度的指标采用主观评分，即基于参与决策专家的自身经验对被评价建筑进行对应指标的赋值，其余五个维度的指标均基于相关定量化的标准，采用客观赋值。

6.7　决策评价方法

根据上述所建立的评价指标和各指标所对应的评价标准，评价体系中，单个指标的得分值计算公式如下所示：

$$Y_{ij} = \left(\sum_{m=1}^{n} x_{ij} \right) / m \qquad (6-6)$$

其中，Y_{ij}表示第i个维度下第j个指标的得分值，m为参与决策的专家数。

设定各维度指标的总分均为100分，维度综合得分越高，表明被评价既有建筑在该维度的性能越好，综合得分越低，该维度性能越差，根据上述设定的指标评分原则，各维度的最低综合得分为20分。根据上述各指标评分标准及权重，各维度的综合得分的计算公式如下所示：

$$Z_i = 100(\sum_{j=1}^{n} Y_{ij} B_{ij})/5(i = 1,2,\cdots,6;n = 5,5,5,4,4,4) \qquad (6-7)$$

其中，Z_i 表示被评价既有建筑在第 i 个维度的指标综合得分，Y_{ij} 表示第 i 个维度下第 j 个指标的得分值，B_{ij} 为第 j 个指标在第 i 个维度上的权重，n 为第 i 个维度下的指标数量。

设定既有建筑拆除整体评价指标体系的综合得分为 100 分，最低得分为 20 分，综合得分越高，表明被评价的既有建筑的综合性能越好，在城市更新中被拆除的可能性越低。根据评价体系中指标的评分标准及权重，用 Q 代表整体评价体系的综合得分，其计算公式如下所示：

$$Q = \sum_{i=1}^{n} Z_i A_i(i = 1,2,\cdots,6) \qquad (6-8)$$

根据综合得分范围，将其划分为四个等级，如表 6.17 所示，其中得分低于 40 分的建议采取拆除重建的更新模式。

表 6.17 既有建筑更新等级划分

更新等级	指标综合得分	更新决策
Level 1	80 ~ 100	现状维持或维护
Level 2	60 ~ 79	维修或加固
Level 3	40 ~ 59	适应性再利用改造（如改变功能等）
Level 4	20 ~ 39	拆除重建

6.8 本章小结

本章采用定性定量相结合的方法，从关键指标筛选、指标权重确定、指标评价标准设定等方面建立了科学的可操作性强的建筑拆除决策评价指标体系，是本研究中构建建筑拆除决策机制的核心内容。

首先，采用文献研究的方法，通过对国内外现行住宅性能评价体系和建筑拆除决策评价的相关研究的分析总结，结合第 3 章中建筑被过早拆除的影响因素分析结果，构建了建筑拆除决策初始评价指标体系，并通过专家会议法对指标进行初步修正，将修正结果作为调查问卷的核心内容。

其次，基于问卷调查获得的数据，对样本数据进行了方差分析，分析结果发现不同利益主体，对各类指标的关注程度有较明显的差别，其中居民对建筑的便捷性、资源能源消耗水平、配套资源等指标的关注度较高，公益机构相关人员和专家学者对文化价值类指标关注度最高，政府人员对建筑的规模关注度较高，房地产开发商对文化类指标关注度最低，而社会大众对各类指标的关注程度较为均等。在方差分析的基础上，进一步采用探索性因子分析法和验证性因子分析法，筛选出 27 个关键指标，建立了具有稳定内在结构的建筑拆除决策评价体系，包括使用性能、经济效益、文化价值、区域发展、建筑区位和建筑安全六大类指标，并确定了各指标在评价体系中的权重。

最后，在文献研究的基础上，采用专家讨论会的方法，针对评价体系中的各项指标建立了可操作性强的具有实践意义的评分标准和评价依据。在此基础上，明确了评价方法和评价集合，依据既有建筑状况评价的综合得分，决定其在城市更新中是否需要拆除。由于时间和理论基础等现实条件的限制，本章所建立的评价标准只适用于民用建筑，而不适用于工业建筑。

7 构建和完善建筑拆除决策机制的建议

本章采用理论推演和专家会议法，以我国现行的建筑拆除决策机制为基础，针对存在的问题和不足，以可持续发展的城市更新理念和新公共管理理论、利益相关者理论等城市治理理论为导向，借鉴国内外的优秀经验，从法规体系、决策组织结构、决策流程等方面提出构建和完善建筑拆除决策机制的建议。同时，将第6章建立的决策评价指标体系与决策流程相结合，作为建筑拆除决策核心环节的决策依据，从而使得决策更加具有科学性，防止建筑拆除的随意性和盲目性。城市既有建筑的拆除决策与城市更新决策密不可分，前者是后者的有机组成部分，因而，构建完善的建筑拆除决策机制不能脱离城市更新背景，而应将决策阶段延伸至城市更新决策。

7.1 完善法规体系

7.1.1 完善建筑拆除决策法规体系

（1）建立城市更新的专项配套法规体系

在国家层面建立城市更新专项法规体系，为城市更新项目的实施提供指引和法律依据。法规体系应该包含引导全国城市更新发展的纲领性文件，明确现阶段我国城市更新的发展目标和发展方向，并在文件中对决策主体、决策方法、决策依据、决策流程等内容做出清晰的规定。同时，该体系应包含城市历史风貌保护、建筑拆除决策等方面的配套法规，使得城市更新的实施具备完整性和科学性。此外，还应在法规层面建立科学的决策评价体系。城市更新项目应在决策的不同阶段，基于科学的评价体系的评估结果进行相应的决策，如目标制定、更新模式选择、实施效果评估等。同时，地方政府应在国家层面建立的政策法规的基础上，结合本地区的发展现状和区域特色，因地制宜地制定可操作性更强的法规条例。

（2）编制城市更新专项规划，将其纳入规划体系

应将城市更新纳入城市规划体系，作为城市建设的重要组成部分对城市

更新项目进行统筹管理。城市更新的实施应立足我国现行的规划体系和城市更新专项法规体系，依照城市发展总体规划制定城市更新专项规划，与近期城市建设规划相衔接，明确全市城市更新的重点区域及其更新方向、目标、时序、总体规模和更新策略，将其作为指导全市城市更新工作的纲领性文件。

城市综合发展规划和土地利用规划都应该包含城市更新的内容，指导法定图则（或控制性详细规划）的编制，使城市更新专项规划与城市建设规划等各项规划在空间上得以融合，强化规划的可操作性和执行度。依据法定图则或控制性详细规划，划定城市更新单元，基于各单元内既有建筑的物理状况、经济状况、区位状况、历史保护等方面的综合评价，编制城市更新单元规划，明确更新方案（如全面拆除重建、点状拆除、改造再利用、维护修复等），该规划将直接指导更新单元内更新项目的实施。

（3）制定具有法律效力的城市既有建筑拆除管理条例

建立完善的城市既有拆除管理条例，能有效规范既有建筑拆除行为，从而有效延长建筑使用寿命。既有建筑拆除决策管理条例应立足建筑拆除的全过程，包括建筑拆除决策、建筑征收和补偿、拆除实施、拆除过程监管等，对既有建筑拆除标准、申报流程、决策程序、责任主体、监管主体、拆除流程、保障措施等内容进行明确的规定。其中，拆除标准从两个方面进行设定：一是限制既有建筑拆除的强制性规定，如建筑使用寿命在100年以上的历史建筑禁止拆除，一般性建筑在未达到设计使用寿命时限制拆除；二是建立基于单体建筑，综合考虑区域发展的建筑拆除决策的评价指标体系。

城市既有建筑的拆除管理条例应涵盖各类城市建筑，法定限制各类建筑的拆除年限，并按建筑类别进行系统的分类管理。首先，应依据城市历史风貌保护相关规划，将既有建筑划分为历史建筑或隶属保护区和风貌控制区的建筑，以及非保护一般性建筑。历史建筑或位于保护区内的既有建筑应禁止拆除，如新加坡规定寿命在30年以上的建筑应进行保护。若由于结构安全性等原因，且无法进行修复和改造导致既有建筑确需拆除重建的，则应经过严格的评估和论证。如意大利规定100年以上的历史建筑未经有关主管机关批准不得拆毁与改建，装修内部也须经文物部门的批准。其次，非保护区内的建筑按我国城市既有建筑一般分类可分为工业建筑和民用建筑，其中民用建筑包括居住建筑和公共建筑，公共建筑进一步可以分为重要公共建筑、纪念性建筑、一般性建筑等。依据建筑的重要性程度，明确各类既有建筑的合理使用年限，设定强制性的限制拆除标准，如《杭州市重要公共建筑拆除规划管理办法（试行）》中规定不存在质量问题，竣工投入使用未满20年或使用年限未达设计年限1/3的重要公共建筑，原则上不能拆除；《深圳市城市更新单元规划制定计划申报指引（试行）》中规定，旧居住区建筑建成使用年限未达到 20 年的，原则上不得拟定为城市更新单元（深圳市的城市更新单元指采用拆除重建方式实施城市更新的特定城市建成区）。最后，不同地区还应依据地域特色，将具有地域代表性的建筑列为单独的建筑类型，制定具有针对性的拆除标准，如重庆市独有的传统民居"吊脚楼"等。

此外，应在既有建筑拆除决策条例中明确各利益主体的合法权利和有效的实施途径，加强公众的参与度，将其延伸到建筑拆除决策的全过程，参与既有建筑拆除决策，并对征收、拆除过程进行监督和反馈，充分保障各群体的相关利益和需求，使综合效益达到最大化。

（4）建立既有建筑定期维护和检修制度

建设、运行、拆除是建筑全寿命周期中最重要的三个阶段，随着运行时间的增加，物理构件不可避免的老化和破损导致既有建筑的使用性能和服务水平逐步降低，当建筑因为物理原因不再能满足使用需求时，就会被纳入危旧房进行拆除。对既有建筑进行定期的检测和周期性维修，能有效延缓建筑的衰败，延长建筑的使用寿命[216]。定期维护和检修的成本与对社会、环境的影响均远远小于拆除重建，并能充分挖掘和利用既有建筑的价值，达到资源的最大节约。既有建筑定期维护和检修制度中应明确维护和检修的内容、周期、责任主体、资金来源等，同时该制度应纳入城市更新体系，作为城市更新的重要类型，当维修无法实现更新目标时，再采用其他更新模式。

（5）建立旧建筑适应性再利用激励制度

随着城市功能空间的变化及产业结构的调整，大量在设计使用年限内且物理性能完好的城市既有建筑由于功能不再能满足生产生活的需求而造成空置。这些建筑大部分历史价值不高，不属于保护的范围，在城市更新中往往被拆除重建，造成了大量资源的浪费。旧建筑适应性再利用能有效地发挥这些既有建筑的剩余价值，延长建筑的寿命，并维持了城市既有的风貌和肌理。建立旧建筑适应性再利用激励制度，采用税收优惠、改造补助等途径激发产权人对既有建筑的改造动力。

7.1.2 强化法规执行度

（1）科学编制城市规划，增强前瞻性和严肃性

科学编制城市规划，保持规划的稳定性和延续性，并严格依照城市规划进行城市建设，从项目建设初始阶段阻止后期的不合理拆除。根据《中华人民共和国城乡规划法》，城市总体规划的规划期限一般为 20 年，但对修编的时间没有相关规定，各级城市总体规划可依据规划法中第四十七条的情形进

行修订。城市总体规划的定期修编是为了使规划更符合城市未来发展的需求，是城市发展中不可避免的过程，但我国各地的城市规划普遍存在频繁变更的问题，导致大量城市既有建筑被过早拆除。

科学的城市规划应坚持可持续发展的理念，增强规划前瞻性，在满足当前发展需求的前提下，采取规划留白，尽可能为今后的城市发展留下足够的建设空间。城市规划留白要求规划决策部门不能过于追求短期利益，而应具有长远的发展眼光，从人口、经济、区位、文化、交通等各方面对城市的发展现状及城市土地进行全方位的分析评估，在城市建设或经济发展条件不成熟以及不明确如何进行土地使用安排的情况下，不采取过量的规划建设，而对相应的地块或区域进行不同程度的规划保留，以应对未来城市发展所产生的新增建设用地的需求以及建设用地使用功能的变化，从而避免在城市建成区进行大量的拆除和重建。

此外，针对规划变更的人为随意性，应提高城市规划的严肃性和强制性。一方面，应明确规定城市规划修编的期限，如新加坡规定概念规划（规划期为 40~50 年）每十年修订一次，从而防止规划随着领导的更换而随意更改。另一方面，城市规划的制定、修编流程及规划实施均需公开和透明化，强化问责，提升公众参与度，通过与专业团体和社区领导者的交流会、专题小组讨论、公开展示规划、出版物、城市走廊、新媒体等方式让公众参与城市规划的编制环节，确保规划和相关政策的制定充分融合了公众的意见，并对规划执行的情况进行监督与反馈。

（2）明确公共利益标准，严格遵守符合公共利益需求才能进行征收拆除的规定

2011 年出台的《国有土地上房屋征收与补偿条例》仅适用于因为公共利益的需要而进行的房屋征收与拆除行为，对于其他目的拆除活动没有相关规定，而现实中 70%~80% 的城市建筑拆除项目均属于商业目的的拆除[217]。征收条例中对公共利益的界定模糊，提出的六条公共利益的规定缺乏评估细则，且对城市房屋征收拆除项目造成的影响只做了补偿价格和社会稳定性评估，而对社会肌理、环境、文化等方面的影响均未做规定。为了使城市既有建筑征收和拆除行为的合法化，同时缩短商业再开发项目的周期，地方政府往往会扩大公共利益的范畴，将一部分商业再开发项目纳入公共利益征收范围。因此，应完善该条例，细化公共利益的评定标准，并严格遵守只有符合公共利益需求的项目才能以征收的形式进行既有建筑的拆除重建，严格区分公共利益性质的城市更新项目和商业性质的城市更新项目。同时，加强土地征收后的监管，通过公共利益性质项目征收的土地只能通过划拨形式出让，不能按照商业项目以

招拍挂的方式出让土地，切断不合法利益的来源，从而避免地方政府因依赖土地财政收入而导致的城市既有建筑的不合理拆除行为。

（3）提高相关法规的可操作性，完善奖惩机制

由于我国宪法规定，中国土地实行公有制度，土地与土地上的建筑所有权分离，既有建筑的所有权往往难以保障，因而在不改变城市土地国有性质的前提下，需要进一步强化私人对于土地上附着物的所有权。2009 年实施的《中华人民共和国循环经济促进法》第二十五条规定明确提出了政府及建筑物所有者或使用者，需对既有建筑进行维护管理，合理延长建筑的使用寿命，且在合理使用年限内，非公共利益的需要，不得随意拆除，但该规定只做了定性的要求，难以在实践中具体实施应用，因而，应针对该条规定补充具有可操作性的实施细则或条文。同时，地方层面出台的法规对城市既有建筑的拆除行为制订了惩罚依据，但惩罚方式单一，罚款额度小，缺乏约束力和实际效果，应结合现实情况，制定完善的奖惩机制。

7.2 组织结构设计

7.2.1 组织结构框架

合理设置的决策职能组织结构是实现城市更新和建筑拆除决策科学决策的基础，也是决策机制构建的重要内容。本研究针对我国现行组织结构设置中存在的问题，基于新公共管理等相关治理理论，借鉴国内外的优秀经验，设计了适合我国行政体系的城市更新职能机构结构，如图 7.1 所示。

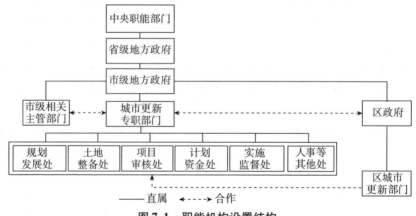

图 7.1 职能机构设置结构

资料来源：作者自绘。

城市更新决策职能机构设置主要包括以下三个方面的特征。

一是建立多层级的职能机构。组织结构按层级分为三层，包括了中央职能部门、地方政府和区政府，以及各级政府所属的相关主管职能部门，具备直线制组织结构命令统一、责任分明的特点。建立多层级的决策组织结构，有利于各级政府及职能部门重视城市更新及城市建筑拆除决策与实施工作，将其成体系地纳入城市发展规划制定与城市建设。

二是设立城市更新专职机构。为了明确责任主体，规范我国城市更新项目的实施，提高城市更新项目的推动效率，应统一城市更新实施部门，取消各地的拆迁办或者城市更新办，设立与其他地方行政职能部门并列的城市更新专职机构。英国、美国、新加坡、中国香港地区等国家和地区在城市更新工作的推动中，均成立了专职的城市更新部门，除新加坡外，城市更新部门均为独立政治团体和法人单位，而非政府职能部门。由于行政体系和社会的差异，非政府职能部门的专职机构在我国城市更新工作中难以充分发挥其作用，因此，在我国，城市更新专职机构应纳入地方政府职能机构，使得城市更新专职机构具有专业的、独立的决策能力和项目实施能力。

三是职能机构间形成合作机制。现阶段我国参与城市更新和建筑拆除工作的地方职能机构主要有国土规划主管部门、城乡建设主管部门、财政主管部门等，设立城市更新决策专职机构后，其他职能部门需要给予职责范围内的协助，同时负责监督城市更新专职部门的相关行为和活动。

7.2.2 职责和职能

（1）中央职能部门（住房和城乡建设部）

住房和城乡建设部是我国城市建设与管理的中央职能部门，其主要的职责和职能是通过制定完善相应的政策法规，引导我国城市更新的可持续发展，规范化城市更新中既有建筑的拆除决策，包括公布国家城市更新发展规划及政策，制定城市既有建筑拆除立法计划、条例或框架，编制城市更新可持续发展评价体系。

（2）省、市级地方政府

省、市级地方政府的主要相关职责和职能是制定地方综合发展目标和指标，将城市更新纳入城市发展指标，统筹协调地区城市土地利用、交通、经济、文化、环境等方面的综合发展，组织编制地区发展规划。制定地方城市更新发展目标和发展战略，审核批准城市更新专职部门制定的城市更新相关规划、城市更新年度计划、配套措施等相关政策以及城市更新项目的实施。同时，负责协调各地方性职能部门之间的合作，并受理对城市更新专职部门和其他职能部门的申诉。

（3）城市更新专职部门

城市更新专职部门应作为实施城市更新及建筑拆除决策的核心职能机构，并分设市、区两级。市级城市更新部门应下设规划发展、土地整备、项目审核、资金计划、建设项目实施监督等相关处室，其主要职能和职责包括负责组织、协调全市城市更新工作，依法拟定城市更新相关的规划土地管理政策，制定城市更新和既有建筑拆除相关技术规范，统筹全市城市更新的规划、计划管理，审核各区的城市更新规划、计划和项目。区级城市更新部门应作为该区域内城市更新项目的实施主体，在市级城市更新部门设立的城市更新发展框架下，编制该区城市更新发展专项规划，组织专家和技术组对更新单元内的既有建筑进行综合评价，进一步制定城市更新单元规划，明确更新单元内各建筑的更新类型与更新方式，负责城市更新过程中的土地使用出让权、收回和收购工作，组织实施各类城市更新项目，包括维修维护类、综合整治类、功能转变类、拆除重建类等。

（4）区政府

区政府与区城市更新部门应同属实施主体，其主要职责为落实市政府制定的区域城市更新发展目标和发展计划，并结合区城市发展战略和规划，协同各职能部门拟定该区城市更新发展战略和目标，审核区城市更新部门制定的更新规划和实施计划，同时协调该区各相关职能部门配合城市更新部门的工作。

（5）地方性职能部门

与城市更新工作密切相关的地方性职能部门包括发展改革部门、国土规划主管部门、城乡建设主管部门和财政主管部门等。国土规划主管部门应协助城市更新专职部门完成城市更新相关规划及土地管理政策的制定，给予专业和技术支持，提供咨询意见。财政主管部门负责按照地方政府审核通过的城市更新计划，安排核拨城市更新项目资金给城市更新决策专职部门，并对城市更新专职部门的资金使用进行过程监督。城乡建设主管部门应与城市更新专职部门共同实施综合整治类更新项目，将既有建筑节能改造、房屋外立面整治等项目纳入城市更新。

7.3 建筑拆除决策流程优化设计

7.3.1 利益相关者识别

（1）利益相关者分类

根据利益相关者理论，对城市更新中建筑拆除的利益主体的准确识别和界定是构建决策机制的基础。本研究结合现有的分类方式和城市更新领域的现实情况，将城市更新背景下建筑拆除决策的利益相关者分为核心利益相关者和边缘利益相关者。目前关于城市更新中建筑拆除利益冲突协调机制的研究，基本只针对地方政府、开发商和被拆迁人这三类利益主体。城市既有建筑的拆除重建，往往会破坏既有社会结构和社会承载力，使大量现有租户（包括住户和商贩）失去成本低廉的生产、生活空间和赖以生存的社会网络，其中位于社会底层的低收入者将面临难以支付高昂租金而失业或居无定所的困境。雅各布斯在《美国大城市的死与生》一书中提出，旧的城市既有建筑对维持社会结构和经济结构的稳定起了重要作用，大范围的拆除重建会使得社会的弱者面临着巨大的困难[218]。我国的学者也对城市更新背景下的建筑拆除决策中，只关注地方政府、开发商和产权所有者三类主体之间的利益协调，而忽略租户的利益的传统观点提出了批判[219-220]。贾生华等在城中村改造利益相关者治理相关研究中，创新性地将外来暂住人群纳入了核心利益相关者[221]。因此，本研究界定城市更新中建筑拆除的核心利益相关者包括了地方政府、开发商、被拆迁人和租户，边缘利益相关者则涵盖了中央政府、新闻媒体、金融机构、法律顾问、学术组织、普通市民等群体。根据利益相关者治理理论，所有利益相关者均应参与建筑拆除的决策过程，但各利益主体在决策的每个阶段，相同程度的参与势必会影响决策的效率。因此，本研究结合新公共管理理论效率优先的核心思想，设定各利益相关者的决策参与度原则，即在充分考虑并满足边缘利益相关者利益需求的前提下，重点对核心利益相关者之间的利益进行协调和管理。

（2）核心利益相关者作用与利益诉求

①地方政府

基于城市治理理论，地方政府在城市更新中应是城市住区再开发中最有影响力、最关键的利益主体，既拥有监控城市更新的权力，也担负引导城市更新科学化、合理化的义务。城市更新是一项系统化、长期化的工程，为确保城市更新的顺利进行，需要城市政府在政策上与制度上的保障。在城市更新所涉及的复杂利益结构中，城市政府承担城市更新的规划方案设计，吸引投资者参与更新，管理与协调各利益主体间的冲突等责任，是城市更新过程的发起者与导控者。在现行体制下，经济利益对政府参与城市更新项目决策的刺激明显强于其他利益，在没有施加外力的情况，地方政府总趋向于谋求属地（GDP）和自身部门（财政收入）的经济利益最大化。因此，相比其他类型的城市更新，地方政府更倾于拆除重建模式下的城市更新，其目标与行为取向很大程度上决定了建筑拆除决策过程中博弈的特征与利益再分配。地方政府的行为缺乏有力的司法监督与社会监督，只有在社会监督、司法监督与上级政府的行政监管同时作用的条件下，地方政府在城市更新中的目标导向才会发生转变。

②开发商

开发商作为城市的基本经济细胞，是城市更新中不可或缺的重要参与主体。开发商在参与城市更新时会面临很多约束，既有技术与市场等硬性约束条件，也有政策等软性约束条件。硬性的约束条件可以通过自身的不断发展与完善来获得提升，软性约束条件往往会成为寻租行为的突破口。企业为获得参与城市更新的通行证，即获得有利于自身的发展条件，往往会与地方政府达成同盟，影响城市更新决策的制定。开发商参与城市更新实施并影响城市更新的决策，虽然本质上是对利益的追逐，但是其作用却是不可否认的。开发商的参与对于解决城市更新过程中的公共服务设施建设、社会住房供应等一系列市场化问题都具有重要的意义。

拆除重建类城市更新是土地权利关系变化及其利益格局变化的过程[222]，是开发商获得土地使用权益，而消灭被拆迁人使用权益的过程。如果从利益关系角度看，开发商和被拆迁人是土地使用权交易中直接的利益双方。在运作规范的市场环境下，开发商与被拆迁人必须在平等协商原则的基础上达成土地使用权转让协议，政府在市场协商过程中仅应起到指导和监督的作用。但在我国现阶段拆除重建类城市更新中，为了控制拆迁成本和缩短一再开发周期，开发商一般会向政府寻租（公开寻租或私下寻租），平等的民事关系往往易受到行政力量的干预，从而使开发商与被拆迁人从直接、对等的利益关系转变为间接、不对等的利益关系。

③被拆迁人

被拆迁人是城市更新中相对弱势的群体，他们的利益诉求缺乏有效的表达机制，这主要源于两方面的因素：一是制度本身的缺陷，即公众参与、公众监督机制的乏力，在再开发项目的规划与立项过程中公众参与不足，对再开发运作过程的监督能力也缺乏；二是被拆迁人自身能力，如经济能力、信息能力、文化能力等的缺陷，仅仅依靠城市居民个人身份作为单独的主体或以松散、无序的组织行为与政府、开发商等进行博弈，其在城市更新的实际运作中发挥的作用极为有限。

虽然被拆迁者在城市更新中大都是以"弱势群体"的面貌出现，但是作为城市更新实施直接相关的重要组成部分，其对于城市更新的方案设计、利益结构的冲突及城市更新的进程都会有不同程度的影响。事实上，从西方国家城市更新的经验与现实来看，公众参与已然成为城市更新的必须或者说是应有形式。居民实现福利欲望最大化的途径，主要包括两种形式，一是通过"用手投票"，选举代表其利益的当权者；二是"用脚投票"，即迁移到其他更有吸引力的城市。因此作为利益结构的一部分，应充分挖掘被拆迁人在城市更新决策中的潜力。

④租户

城市中的更新区域，尤其老旧城区中既有建筑的出租比例往往较高，甚至超过自住率，既有建筑的拆除重建对租户在某些方面的影响甚至会超过被拆迁人的影响。被拆除建筑的既有租户的利益诉求主要是希望社会和政府能够在城市更新中保护自身的居住和生产权益，能够继续在城市里立足。除了利益诉求与被拆迁人有所不同，其面临的诉求机制缺乏，自身能力不足等问题与被拆迁人类似，因而，在建筑拆除决策中，租户的意见和利益需求应能充分体现。

（3）边缘利益相关者作用与利益诉求

①中央政府

面对巨大的生存压力和严峻的发展形势，政府作为公共利益主体很容易成为城市更新的主导。从西方国家的历史经验来看，作为城市更新主导地位的政府行动由来已久，在罗斯福新政中，"绿带建镇计划"是著名的例子，该计划旨在拆除贫民窟并将居民搬迁到郊区。美国住宅法案的颁布毫无疑问是政府在城市更新中地位的一次重要确立。

中央政府作为全局利益的掌控者和长远利益的维护者，其地位毋庸置疑。中央政府与地方政府不仅存在着行政序列上的上级、下级隶属关系，更重要的是在权力分配上的控制与自主的关系。一方面，中央政府通过政策、法律指导全国的城市发展进程；另一方面，将权力下放给城市政府，使其拥有较大的自主权，根据城市的实际情况选择发展与更新道路，通过直接与间接的手段，从长远上影响总体的城市发展进程。现阶段，我国中央政府对城市更新的影响主要体现在对地方政府城市规划方案的审批与监管上。城市政府在具体的操作过程中的乱拆乱建，以及城市更新规划方案变更的随意性，反映了中央政府作为全局性利益主体的缺失，一方面是法律赋予城市政府的自主权力，另一方面则是中央政府对于地方性的城市规划的监管不可能事无巨细，面面俱到。因此，寻求常规性的均衡机制势在必行。

②其他边缘利益主体

新闻媒体、公众均可以不同程度地参与城市更新及建筑拆除决策，通过舆论对政府、开发商等具有寻租机会的利益主体进行监督。非政府组织在城市更新过程中可以扮演较好的沟通桥梁角色。一些由专业知识人员组成的非政府组织作为公众代言人，既能得到公众认可又可以作为城市居民的信息与利益表达的媒介。但是民间组织在目前城市更新过程中所展现出来的力量还较为弱小，一般都是通过社区内部的组织来提供社会参与的渠道。

7.3.2 流程优化

城市更新中建筑拆除决策应兼顾效率与公平，因此决策流程的优化方向应是使决策过程更客观和科学，同时强化决策过程的透明度和公众参与度。由于建筑拆除决策本身与城市更新管理有紧密的联系，为了体现决策的全面性和系统性，本研究将城市更新中的建筑拆除决策流程划分为城市更新决策和建筑拆除审批两个阶段。在城市更新决策阶段，决定了决策区域内更新单元或项目的更新模式，明确了既有建筑在城市更新实施中是否被拆除。对于涉及拆除重建的城市更新项目，应对既有建筑的拆除设立严格的审批流程。在建筑拆除审批阶段，主要是从城市更新项目实施层面对建筑拆除进行更直接控制，其优化的原则应是强化对业主和利益相关主体权益的保障，从而增加建筑拆除决策的公平性，并实现公众对决策职能机构及政府相关部门的事前监督。按照我国既有法律体系，城市更新中的既有建筑拆除分为公共利益征收类和自主申报拆除类。

（1）城市更新决策流程优化

优化后的城市更新决策流程如图 7.2 所示，主要包含了五个关键环节，分别是区域现状综合评估，建立城市更新目标及评价体系，编制城市更新专项发展规划，编制城市更新单元规划，审核并实施相关规划、城市更新实施后评估。各环节的具体实施如下：第一，区城市更新专职部门应组织专家对区域发展综合现状进行评估，并将评估报告交与市级城市更新专职部门进行审核，作为制定城市更新目标和规划的重要依据。评估需要基于本地区的区域发展综合评价体系，使评估结果具有科学性和客观性。第二，市级城市更新专职部门基于各区的现状评估报告和城市总体规划、近期建设规划等相关规划，设定城市更新发展目标和评价指标体系。第三，市级城市更新专职部门基于发展目标编制城市更新专项发展规划。规划编制中，除与市级和各区的政府及相关主管部门进行协调外，同时还应将阶段性的成果予以公示，征求社会公众、各利益相关主体等的意见，并根据反馈的意见进行合理修改，实现让社会各群体真正参与决策。第四，区城市更新专职部门在全市城市更新专项发展规划的基础上，编制城市更新单元规划，明确更新单元内的城市更新模式，如全面拆除重建、点状拆除、维护整修。更新单元规划编制中，城市更新专职部门应组织专家对辖区内拟更新区域内既有建筑的状况做详细的调查，并根据建筑拆除决策评价指标体系对既有建筑的综合性能做出评估，将评估报告作为决策的核心依据。规划编制中，城市更新专职部门应将评估报告和规划的阶段性成果进行公示，征询公众和各利益主体的意见，基于反馈意见进行合理的修改。第五，市级城市更新部门审核各区制订的城市更新单元规划，并落实相关规划的实施。第六，城市更新专职部门对城市更新项目的实施进行后评估，评估体系应与城市更新发展目标评价体系一致，从而形成完整的决策流程，使城市更新的实施得以不断优化。

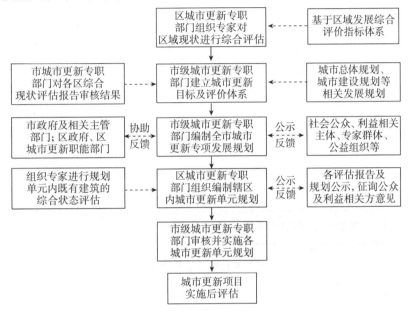

图 7.2 城市更新决策优化流程

资料来源：作者自绘。

（2）建筑拆除审批流程优化

①公共利益征收类

根据我国《国有土地上房屋征收与补偿条例》，公共利益征收类的建筑拆除决策流程分为三个阶段，立项阶段、征收决定阶段和征收决定反馈阶段。本研究的研究范围只涉及既有建筑在城市更新中是否应被拆除的决策，故而本研究中的决策优化只针对立项阶段，优化后的决策流程如图 7.3 所示。首先，拟实施的项目应提交给城市更新主管部门，由其审查该项目是否属于城市更新单元规划中的项目，并满足拆除重建类城市更新项目的要求。其次，符合城市更新规划的征收项目能否立项，关键在于该项目获得绝对多数业主和住户（如90%）的同意。同时，项目立项前还应进行公示，征求各利益相关者的意见，并基于意见改进项目实施方案。

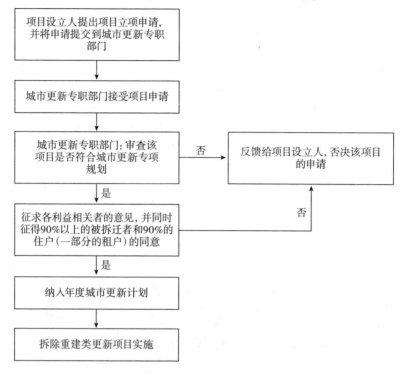

图7.3 公共利益征收类拆除决策优化流程

资料来源：作者自绘。

②自主申报拆除类

自主申报拆除类的决策流程优化与公共利益征收类相同，优化的流程部门只涉及立项阶段，而不涉及拆迁补偿以及重建方案审批、公示等后续阶段的内容。优化的流程图如图7.4所示。为缩短决策流程，提升决策效率，自主申报拆除的项目业主在申报前应进行自我审查，查验该项目是否符合城市更新专项规划的要求，此外，还应该满足一定的条件，如占建筑总面积80%且占总人数80%以上的业主同意拆除重建，（多宗地）不小于总拆除用地面积80%等，满足这些条件后才能向城市更新部门提出拆除重建的申请。同时，与征收类项目相同，需要通过城市更新主管部门的审核，评判该项目是否满足城市更新专项规划中的拆除重建类项目相关要求。审核通过后，还需进行项目方案说明及各评估报告的公示，并征询各利益相关方的意见（除业主外），通过了各环节的审核后，方能进行建筑拆除项目的立项。

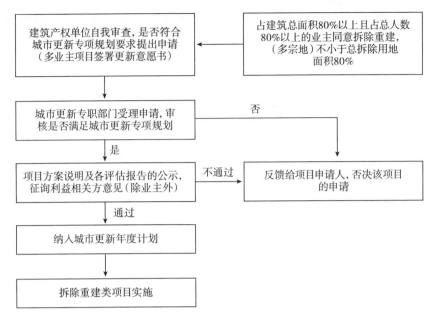

图7.4　自主申请拆除重建类拆除决策优化流程

资料来源：作者自绘。

7.4　本章小结

　　本章综合运用了文献研究、理论推演和专家访谈等研究方法，从法规体系完善、组织结构设计和建筑拆除决策流程优化设计三个方面对建筑拆除的决策机制提出了完善建议，是构建完善的建筑拆除决策机制的重要内容，也是建筑拆除决策评价指标体系应用于实践的基础和保障。

　　法规体系完善包括两方面的内容：一是建立完善的建筑拆除决策法规体系，包括建立城市更新的专项配套法规体系；将城市更新纳入城市规划，编制城市更新专项规划；制定具有法律效力的城市既有建筑拆除决策管理条例；建立既有建筑定期维护、检修制度和旧建筑适应性再利用激励制度。二是完善城市规划及城市更新领域的现行政策法规，强化执行度，包括提升城市规划编制的科学性，增强其前瞻性和严肃性；明确公共利益标准，严格遵守符合公共利益需求才能进行征收拆除的规定；完善奖惩机制，提高法律法规的可操作性等。

　　组织机构设置方面，包括了三个方面的特征，分别是建立多层级的管理机构，设立城市更新专职部门和强化各职能机构间的协调合作机制。在组织结构设计的基础上，明确了各机构的职能和职责，其中中央政府、地方政府主要起到宏观引导和分级监督的作用，城市更新及城市更新中建筑拆除决策及具体实施事务由城市更新专职部门主要负责，其他地方职能部门为城市更新专职部门提供协助，并对其的行为进行监督。

流程优化方面，先是依据相关治理理论，识别出城市更新中建筑拆除的利益相关者，并分析各利益主体的利益诉求、对相关决策的影响和作用以及可能的优化方向。在此基础上，以我国现行的决策流程为基础，对自主申请拆除类和公共利益征收类建筑拆除决策流程进行优化，主要的改进是将决策过程划分为两个阶段，即城市更新决策阶段和建筑拆除审批阶段，简化了参与决策的政府机构，增设了既有建筑综合评估环节，强化了公众参与，使优化的决策流程在增加了行政效率的时候，实现决策的公平性要求，满足可持续发展、公平性和效率兼顾的理念。

8 结论与展望

8.1 研究总结

本研究针对我国城市更新过程中突出的大拆大建现象，城市建筑使用寿命过短的问题，采用定性、定量相结合的系统研究方法，构建和完善了建筑拆除决策机制，从而规范城市更新实施过程中的既有建筑的拆除行为，合理、有效地延长我国城市建筑的使用寿命。本研究首先通过实地调研，获取大量被拆除建筑的样本数据，采用描述性统计分析方法和因素关系模型，对我国城市建筑的使用寿命现状及其影响因素进行系统深入的分析。在明确我国建筑使用寿命现状的基础上，结合全国、地方和代表城市，系统分析城市更新与建筑拆除决策的实施情况，明确我国建筑拆除决策机制的现状和存在的问题，并通过典型案例进行验证。随后，本研究采用文献研究和专家访谈方法，对国内外最佳实践进行研究，总结出建筑拆除决策机制构建的优秀经验。最后，本研究基于我国现状，以城市治理理论和优秀经验为指引，综合运用定性与定量的研究方法，构建了建筑拆除决策评价指标体系，并对我国建筑拆除决策机制的构建和完善提出了具有实践指导意义的建议。决策评价指标体系作为决策支持的核心内容，为建筑拆除决策提供了决策依据，是规范建筑拆除行为的重要技术支撑。构建与完善建筑拆除决策机制的具体建议，为规范我国建筑拆除行为提供了实施框架，也是决策评价指标体系有效应用于实践的基础。本研究主要的研究结论如下。

第一，基于大量样本建筑的实地调研，采用描述性统计分析方法和因素关系模型等定量研究方法，系统地分析了我国城市建筑的使用寿命现状和过早被拆除的原因。通过统计分析，得到 1 732 栋被拆除样本建筑的平均使用寿命为 34 年，明显低于设计使用年限，证明了我国建筑使用寿命过短现象十分突出。被拆除建筑使用寿命分布特征分析结果显示，接近一半被拆除的城市建筑建于 20 世纪 70—80 年代。主要原因是那段时期我国的建设水平低，多数建成建筑的物理性能差，这部分建筑成为现阶段城市更新的主要对象。此外，由于建筑所属土地的使用性质影响了该地块的更新频率，不同使用功能的建筑其使用寿命差别较大。其中办公、商业类建筑使用寿命最低，教育、医疗等其他类建筑的使用寿命较长。

通过 GIS 软件和改进的 Hedonic 模型的分析，得到我国城市建筑被过早拆除是建筑自身因素和外部因素共同作用的结果，但外部因素的影响程度远远超过建筑自身因素的影响。建筑自身因素包括建筑面积、建筑结构、建筑楼层数等，其中建筑结构对建筑使用寿命的影响不显著，这与西方国家的情况明显不同。外部因素包括了建筑区位、邻里特征、经济因素和政治因素等，其中区位因素对建筑使用寿命有双向的影响，而邻里因素、经济因素和政治类因素对建筑使用寿命均存在负向的影响。另外，城市规划的变更、长官意志、行政管辖权等难以量化而未被纳入关系模型的政治类因素，也是导致既有建筑在我国城市更新过程中被过早拆除的重要原因。

第二，采用点面结合，先宏观分析后案例验证的方式，从法规体系、组织机构、决策流程等方面明确我国现行的建筑拆除决策机制，并识别出存在的问题。我国绝大部分城市既有建筑的拆除都发生在城市更新项目实施过程中，但全国大部分省市的城市更新项目的实施未形成清晰分类体系。老旧小区综合整治、危旧房改造、旧城改造、棚户区改造等多类型项目共存，各项目之间存在交叉重叠甚至冲突的现象，且各类项目的决策和实施主体不统一，导致了城市既有建筑拆除决策的混乱。同时，大部分城市更新项目的实施存在于城市规划体系之外，与城市发展的长期目标和建设规划相脱离，存在短视性和盲目性。在建筑拆除实施法律依据方面，核心依据是《国有土地上房屋征收与补偿条例》，针对的是拆除补偿阶段的管理，而对建筑本身是否应该被拆除的决策缺乏明确的规定。

深圳、广州、上海三个城市在城市更新和建筑拆除决策实践方面走在了全国前列，分别出台了城市更新办法和实施细则，明确了决策主体、决策流程和决策依据，其中广州市成立了城市更新局，对我国建筑拆除决策机制的构建和完善做出了颇具成效的探索。

综合全国和典型城市的实践来看，我国现行建筑拆除决策机制主要存在以下的问题。法规体系方面：城市更新与建筑拆除决策配套法规体系不完善，缺乏法定性的实施指导意见和决策评估评价体系；现有相关法规仅关注拆迁补偿、拆除施工等环节，而对拆除前的决策管理关注不够；现有法规存在公共利益界定不清晰、条文规定不明确、可操作性不强、执行力度差等问题。组织结构方面：缺乏针对城市更新实际需求的专职管理机构；未建立统一的决策组织结构，决策主体及其职责不明确，相对独立的问责机制缺乏。决策流程方面：缺少基于单体建筑综合性能评价的决策评估环节，决策过程存在主观性和随意性；业主意见征询、利益相关主体意见反馈不够，公众参与度不足；缺乏城市更新项目实施后评估环节。

第三，通过对英国、美国、新加坡和我国香港地区的建筑拆除决策机制的研究，从法规体系、组织结构、决策流程和评价指标体系方面总结了值得我国大陆地区借鉴的经验。基于文献研究和实地调研，本研究总结出了七个主要经验：一是科学编制城市规划，加强规划的执行力度，可以有效防止因规划不合理和频繁变更导致的建筑拆除；二是加强城市更新和建筑拆除决策相关法律法规建设，提升法律法规的体系性和可实施性；三是设立城市更新专职管理部门和建立稳定的决策组织结构，明确建筑拆除决策主体及职责；四是重视既有建筑的现状调查和评估，将既有建筑的功能评估前置为建筑拆除决策流程的法定环节；五是建立法定的建筑拆除决策评价指标体系，为既有建筑拆除与否提供评判依据；六是加强公众参与，强化公众对建筑拆除决策过程的监督；七是加强既有建筑的维护与保养，延缓既有建筑的物理性破损，从而延长建筑的使用寿命。

第四，综合运用文献研究、专家访谈与讨论会、问卷调查和定量研究的方法，构建了以既有建筑综合性能评价为核心，具有稳定内在结构的建筑拆除决策评价指标体系。该体系包含了关键指标、指标权重、指标评价标准和评价方法等内容。本研究识别出了涵盖六个维度的 27 个关键指标，六个维度分别是建筑安全、使用性能、经济效益、文化价值、建筑区位和区域发展。

基于指标的权重系数，使用性能和经济效益是影响既有建筑的拆除决策最重要的维度，对决策评价体系的影响程度分列首位和第二位，而建筑安全维度的重要性相对最低。从单个指标看，建筑使用便捷性、建筑室内空间、建筑室内舒适度、配套资源情况、投资回报率、土地价值增长预期、城市建筑空间刚性需求、产业结构调整情况、基础设施投资、公共服务设施可达性、商业区位、结构安全性等 12 个指标对建筑拆除决策的影响相对较大。此外，通过方差分析，得到不同利益主体对指标的重要性选择有所差异，其中业主首要关注的是建筑的使用性能，政府部门对经济效益的关注程度超过其他利益主体，公益机构和专家学者对既有建筑的文化价值的关注度相对较高，而开发商对该类指标的关注度最低。

在指标体系构建的基础上，本研究针对各项指标建立了具有可操作性的评价标准和评价依据，除文化维度指标采用主观评分外，其余五个维度的指标均基于定量化的评价标准采用客观赋值。基于评价指标、指标权重和评价标准，设定评价方法，将既有建筑现状评价的综合得分等距划分成四个等级，从高到低分别对应四种城市更新模式，分别是现状维持或维护、维修或加固、适应性再利用改造、拆除重建。

第五，基于理论推演和专家访谈方法，提出了建立和完善我国建筑拆除决策机制的建议。政策法规方面：一是建立系统的城市更新与建筑拆除决策法规体系，包括编制城市更新专项规划，并将其纳入城市规划体系进行统筹实施；制定并出台城市既有建筑拆除管理条例，作为既有建筑拆除审批的法定性依据；建立既有建筑定期维护、检修制度和旧建筑适应性再利用激励制度，从优化剩余价值的角度延缓建筑的拆除。二是完善城市规划及城市更新领域的现行政策法规，强化执行度，包括提升城市规划编制的科学性，增强其前瞻性和严肃性；明确公共利益标准；完善奖惩机制，提高法律法规的可操作性等。

组织结构建设的核心是设立城市更新管理的专职部门，并明确了各机构的职能和职责。其中中央政府、地方政府主要起到宏观引导和分级监督的作用，城市更新与建筑拆除的决策和实施由城市更新专职部门主要负责，其他地方职能部门为城市更新专职部门提供协助，并对其进行监督。

流程优化方面，在利益相关者识别之后，以深圳市的决策流程为基础，分别对自主申请拆除类和公共利益征收类拆除决策流程进行优化。决策流程的改进主要包括以下几个方面：一是将决策过程划分为了更新决策和建筑拆除审批两个阶段，分别立足于区域发展需求和单体建筑的拆除实施进行决策的控制；二是明确了城市更新专职部门在决策过程的核心地位，简化了参与决策的政府职能机构，提升了决策的效率；三是增设了区域发展和建筑综合性能评估环节，增强了决策流程的客观性和科学性；四是增设了业主及各利益相关主体的意见征询与反馈环节，强化了公众参与，并形成有效的监督。五是城市更新专职部门需对城市更新项目的实施效果进行后评估，从而使城市更新中建筑拆除机制得以不断完善和优化。

8.2 主要创新点

本研究的创新点主要包括以下三个方面。

一是研究方法的创新。采用定量分析，系统深入地分析了我国城市建筑使用寿命的现状和影响建筑。相比国内同类研究，本研究首次基于实地调研获得的大量被拆除建筑样本数据，测算了我国城市既有建筑的实际使用寿命，明确了我国建筑使用寿命过短的事实，并采用统计分析方法对影响建筑被过早拆除的因素进行了系统的分析，识别出了关键因素，分析了各因素的作用机理。

二是研究视角的创新。建立了以可持续发展理念为导向,基于单体建筑的城市既有建筑拆除决策评价指标体系。该指标体系以单体建筑为决策对象,综合考虑建筑自身和建筑所处区域的状况,明确既有建筑的拆除标准,通过评估既有建筑的综合状态来评判其在城市更新过程中是否应该被拆除,可以有效防止既有建筑的随意拆除,促使建筑的使用寿命得以合理的延长。

三是理论的创新。基于可持续发展理论、城市治理理论、新公共管理理论、利益相关者理论等多种理论,立足于多目标(效率和公平),提出了构建和完善建筑拆除决策机制的建议,为规范我国建筑拆除行为提供了实施框架。

8.3 研究展望

本研究从大量样本数据着手,采用定性、定量相结合的研究方法,构建了科学系统的建筑拆除决策机制,但由于人力、物力和时间的限制,仍存在几个方面的局限性,而有效克服这些局限性是未来研究需要努力的方向。

一是扩大样本区域,增强建筑使用寿命测算和影响因素分析结果在全国的代表性。本研究中虽然作者做了大量的实地调研和样本数据收集,但被拆除建筑的样本区域只限于重庆市,未能在全国范围内进行大规模的调查和数据收集,因此研究结论反映的也只是重庆市的情况。未来研究应扩大样本区域,选取全国范围内不同区域十个具有代表性的城市,如北京市、上海市、深圳市、广州市、南京市等,从而使建筑使用寿命和影响因素的研究结果能充分反映全国的实际情况。

二是构建基于区域的综合发展评价指标体系,完善建筑拆除决策支持体系。由于我国地区差异性大,本研究只基于单体建筑建立了建筑拆除决策评价指标体系,该决策评价体系适用于既有建筑更新模式的决策,但不能作为区域城市更新目标设立的依据。城市更新目标的设立应基于区域综合发展评估指标体系,该体系也是建筑拆除决策支持系统的重要组成部分。因此,区域综合发展评价指标体系的建立是未来研究的重要方向。

三是基于实际案例对决策评价指标体系和流程进行验证和优化。由于时间的限制,本研究采用了专家讨论会的方法对构建的决策评价指标体系和决策流程进行了修正。未来研究中,需将该评价指标体系和决策流程应用于实际案例的决策,基于实施效果,检验评价指标体系和决策流程的可行性和科学性,并根据结果反馈进行改进,直至取得最优的结果。

参考文献

[1]摩根士丹利.中国城市化2.0:超级都市圈[R].纽约:摩根士丹利,2019.

[2]熊燕.中国城市集合住宅类型学研究(1949～2008)——以北京市集合住宅类型为例[D].华中科技大学,2010.

[3]李红梅.存量房时代央企也退地专家称城市更新商机数万亿[N].中国房地产报,2015-11-20.

[4]Wang, Q. Short - lived buildings create huge waste[N]. China Daily, 2010-4-6.

[5]许琛.广东三旧改造逆袭成地标 城市发展添动力[N].羊城晚报,2014-12-03.

[6]徐振强,张帆,姜雨晨.论我国城市更新发展的现状、问题与对策[J].中国名城,2014(4):4-13.

[7]He S, Wu F. Socio - spatial impacts of property - led redevelopment on China's urban neighbourhoods[J]. Cities, 2007, 24(3):194-208.

[8]SSB. Shanghai Statistical Yearbook 2005[M]. Beijing: China Statistical Publishing House, 2005.

[9]清华大学建筑节能研究中心.中国建筑节能年度发展研究报告2012[M].北京:中国建筑工业出版社,2012.

[10]中国建筑科学研究院.建筑拆除管理政策研究[R].中国建筑科学研究院,2014.

[11]Gilbert, V. K. Toxic Capitalism: The Orgy of Consumerism and Waste: Are We the Last Generation on Earth? [J]. Authorhouse, 2012:58-87.

[12]Dong B, Kennedy C, Pressnail K. Comparing life cycle implications of building retrofit and replacement options[J]. Canadian Journal of Civil Engineering, 2005, 32(32):1051-1063.

[13]胡明玉,吴琼,燕庆宁,等.短命建筑引起的资源、能源、环境问题分析[J].建筑节能,2008,36(1):70-74.

[14]Desimone L D, Popoff F. Eco - Efficiency: The Business Link to Sustainable Development[M]// Eco - Efficiency: The Business Link to Sustainable Development, vol 1. The MIT Press, 2000:100-101.

[15]Power, A. Does demolition or refurbishment of old and inefficient homes help to increase our environmental, social and economic viability[J]. Energy Policy, 2008, 36:4487-4501.

[16]Conejos S, Langston C, Smith J. AdaptSTAR model: A climate - friendly strategy to

promote built environment sustainability[J]. Habitat International, 2013, 37(37):95 – 103.

[17] Fu, F. Pan, L. Ma, et al. A simplified method to estimate the energy – saving potentials of frequent construction and demolition process in China[J]. Energy, 2013, 49(C): 316 – 322.

[18] Hu M. Dynamic material flow analysis to support sustainable built environment development: with case studies on Chinese housing stock dynamics[M]. Department of Industrial Ecology, Instititute of Environmental Sciences (CML), Faculty of Science, Leiden University, 2010.

[19] Zhai B, Ng M K. Urban regeneration and social capital in China: A case study of the Drum Tower Muslim District in Xi'an[J]. Cities, 2013, 35: 14 – 25.

[20] Yau Y, Ling Chan H. To rehabilitate or redevelop? A study of the decision criteria for urban regeneration projects[J]. Journal of Place Management and Development, 2008, 1(3): 272 – 291.

[21] Shan,C. Yai,T. Public involvement requirements for infrastructure planning in China [J]. Habitat International, 2011, 35(1): 158 – 166.

[22] 方可. 西方城市更新的发展历程及其启示[J]. 城市规划汇刊,1998(1):59 – 61.

[23] Jacobs, J. The death and life of great American cities[M]. USA: Vintage Books Edition, 2011: 47 – 51.

[24] Mumford L. The city in history: Its origins, its transformations, and its prospects[M]. New York: Harcourt, Brace&World, 1961.

[25] 邓堪强. 城市更新不同模式的可持续性评价——以广州为例[D]. 华中科技大学,2011.

[26] 廖乙勇. 都市更新主体之共生模式——以台北市为例[M]. 南京:东南大学出版社,2011.

[27] Buissink JD. Aspects of urban renewal: report of an enquiry by questionnaire concerning the relation between urban renewal and economic development[M]. The Hague: International federation for housing and planning, 1985.

[28] 古小东,夏斌. 城市更新的政策演进、目标选择及优化路径[J]. 学术研究,2017(06):49 – 55,177 – 178.

[29] Couch C. Urban renewal: theory and practice[M]. London: Macmillan Education Ltd, 1990.

[30] Peter R, Sykes H. Urban regeneration: a handbook[M]. London: Sage, 1999.

[31] Lorr M J. Defining urban sustainability in the context of North American cities[J]. Nature and Culture, 2012, 7(1): 16 – 30.

[32] 吴良镛. 北京旧城与菊儿胡同[M]. 北京:中国建筑工业出版社,1994.

[33] 阳建强. 西欧城市更新[M]. 南京:东南大学出版社,2012.

[34] 姜杰,刘忠华,孙晓红. 论我国城市更新中的问题及治理[J]. 中国行政管理,2005(4):58 – 61.

[35] Ho D C W, Yau Y, Sun W P, et al. Achieving Sustainable Urban Renewal in Hong

Kong：Strategy for Dilapidation Assessment of High Rises［J］. Journal of Urban Planning & Development, 2012, 138(2):153 – 165.

［36］叶南客,李芸.国际城市更新运动评述［J］.世界经济与政治论坛,1999(6):62 – 64.

［37］蒋之峰.建筑物拆除技术［M］.北京:冶金部建筑研究总院技术情报研究室,1983.

［38］赵双禄.建筑物拆除实用技术［M］.北京:中国建筑工业出版社,2015.

［39］雷阳.城市房屋拆迁现状分析及对策构思［D］.重庆大学,2005.

［40］蒋晓东,赵卓,霍达.建筑结构的寿命及其广义耐久性［J］.郑州工业大学学报,1998(2):53 – 56.

［41］沈金箴."短命建筑"现象应从加强城市发展管理的层面反思［J］.城市管理与科技,2008(1):36 – 39.

［42］陈健.可持续发展观下的建筑使用寿命研究［D］.天津大学,2007.

［43］谢琳琳. 公共投资建设项目决策机制研究［D］. 重庆大学,2005.

［44］杨瑞.成都城市更新决策机制研究——与深圳比较的启示［D］.清华大学,2013.

［45］胡静. 基于利益主体的土地利用规划决策机制研究［D］. 华中农业大学,2010.

［46］Greer S A. Urban Renewal and American Cities：The Dilemma of Democratic Intervention［J］. American Journal of Sociology, 1967, 443 – 444.

［47］Lashly J M. Case of Berman v. Parker：Public Housing and Urban Redevelopment, The［J］. ABAJ, 1955, 41: 501.

［48］Johnstone Q. The Federal Urban Renewal Program［J］. The University of Chicago Law Review, 1958, 25(2):301 – 354.

［49］Eichler E P, Anderson M. The Federal Bulldozer: A Critical Analysis of Urban Renewal, 1949 – 1962［J］. Stanford Law Review, 1965, 18(2): 280.

［50］Wilson W J. The truly disadvantaged：The inner city, the underclass, and public policy［J］. Chicago：University of Chicago, 1987.

［51］Abbott R B C. Making the Second Ghetto：Race and Housing in Chicago, 1940 – 1960by Arnold R. Hirsch；Special Districts, Special Purposes：Fringe Governments and Urban Problems in the Houston Areaby Virginia Marion Perrenod［J］. The Public Historian, 1986, 8(1): 115 – 118.

［52］Florida R. The Rise of the Creative Class［J］. Washington Monthly, 2002, 35(5): 593 – 596.

［53］Peck J. Struggling with the Creative Class［J］. International Journal of Urban & Regional Research, 2005, 29(4):740 – 770.

［54］Zukin S. The cultures of cities［M］. Oxford：Blackwell, 1995.

［55］Degen M, García M. The Transformation of the 'Barcelona Model'：An Analysis of Culture, Urban Regeneration and Governance［J］. International Journal of Urban & Regional Research, 2012, 36(5): 1022 – 1038.

［56］Frieden B J, Kaplan M. The politics of neglect：Urban aid from model cities to revenue sharing[M]. Massachusetts: The Mit Press, 1975.

[57] Chester W. Hartman. Relocation: Illusory Promise and No Relief[J]. virginia law review, 1971, 57(5): 745 – 817.

[58] Peterson P E. City limits[M]. Chicago, Illinois: University of Chicago Press, 1981:7 – 15.

[59] Carmon N. Three Generations of Urban Renewal Policies: Analysis and Policy Implication[J]. Geoforum, 1999, 30(2):145 – 158.

[60] Harvey D. From managerialism to entrepreneurialism: the transformation in urban governance in late capitalism[J]. Geografiska Annaler. Series B. Human Geography, 1989, 71(1): 3 – 17.

[61] Stone C N. Regime politics: governing Atlanta, 1946 – 1988[M]. Kansas: Univ Pr of Kansas, 1989.

[62] Leitner H. Cities in pursuit of economic growth: The local state as entrepreneur[J]. Political Geography Quarterly, 1990, 9(2): 146 – 170.

[63] Turok I. Property – led urban regeneration: panacea or placebo? [J]. Environment and Planning A, 1992, 24(3): 361 – 379.

[64] MacLeod G. From urban entrepreneurialism to a "revanchist city"? On the spatial injustices of Glasgow's renaissance[J]. Antipode, 2002, 34(3): 602 – 624.

[65] Couch C, Karecha J. Controlling urban sprawl: Some experiences from Liverpool[J]. Cities, 2006, 23(5): 353 – 363.

[66] Swyngedouw E, Moulaert F, Rodriguez A. Neoliberal urbanization in Europe: large-scale urban development projects and the new urban policy[J]. Antipode, 2002, 34 (3): 542 – 577.

[67] Hackworth J. The neoliberal city: Governance, ideology, and development in American urbanism[M]. Ithaca, New York: Cornell University Press, 2007.

[68] Smith N. New globalism, new urbanism: gentrification as global urban strategy[J]. Antipode, 2002, 34(3): 427 – 450.

[69] Healey P. Collaborative planning: Shaping places in fragmented societies[M]. Vancouver, Canada: UBc Press, 1997.

[70] Atkinson R. Discourses of partnership and empowerment in contemporary British urban regeneration[J]. Urban studies, 1999, 36(1): 59 – 72.

[71] Bruijn J A, Heuvelhof E F. Management in netwerken[M]. Lemma, 1999.

[72] WJM Kickert, EH Klijn, JFM Koppenjan. Managing complex networks: strategies for the public sector[M]. Sage Publications, 1998.

[73] Koppenjan J F M, Klijn E H. Managing uncertainties in networks: a network approach to problem solving and decision making[M]. London: Routledge, 2004.

[74] Mullins D, Rhodes M L. Special issue on network theory and social housing[J]. Housing, Theory and Society, 2007, 24(1): 1 – 13.

[75]Van Bortel G, Elsinga M. A network perspective on the organization of social housing in the Netherlands: the case of urban renewal in The Hague[J]. Housing, Theory and Society, 2007, 24(1): 32 - 48.

[76]Bromley R D F, Tallon A R, Thomas C J. City centre regeneration through residential development: Contributing to sustainability[J]. Urban Studies, 2005, 42(13): 2407 - 2429.

[77]Weingaertner C, Barber A R G. Urban regeneration and socio - economic sustainability: a role for established small food outlets [J]. European Planning Studies, 2010, 18 (10): 1653 - 1674.

[78]Couch C, Dennemann A. Urban regeneration and sustainable development in Britain: The example of the Liverpool Ropewalks Partnership[J]. Cities, 2000, 17(2): 137 - 147.

[79]Chan E H W, Lee G K L. Contribution of urban design to economic sustainability of urban renewal projects in Hong Kong[J]. Sustainable Development, 2008, 16(6): 353 - 364.

[80]Bramley, G. and Power S. Urban form and social sustainability: the role of density and housing type[J]. Environment and Planning B Planning and Design, 2009(36): 30 - 48.

[81]Itard L, Klunder G. Comparing environmental impacts of renovated housing stock with new construction[J]. Building Research & Information, 2007, 35(3): 252 - 267.

[82]Hemphill L, Berry J, McGreal S. An indicator - based approach to measuring sustainable urban regeneration performance: part 1, conceptual foundations and methodological framework [J]. Urban Studies, 2004, 41(4): 725 - 755.

[83]Ng M K. Quality of life perceptions and directions for urban regeneration in Hong Kong [J]. social indicators research, 2005, 71(1 - 3): 441 - 465.

[84]李艳玲.美国城市更新运动与内城改造[M].上海:上海大学出版社,2004.

[85]程大林,张京祥.超越物质规划的行动与思考[J].城市规划,2004(2):70 - 73.

[86]董奇,戴晓玲.英国"文化引导"型城市更新政策的实践和反思[J].城市规划,2007(4):59 - 64.

[87]李和平,惠小明.新马克思主义视角下英国城市更新历程及其启示——走向"包容性增长"[J].城市发展研究,2014,21(5):85 - 90.

[88]耿宏兵.90年代中国大城市旧城更新若干特征浅析[J].城市规划,1999(7):13 - 17.

[89]朱荣远.深圳市罗湖旧城改造观念演变的反思[J].城市规划,2000(24):44 - 49.

[90]任云兰,郭力君.天津城市更新改造的探索与实践[J].城市发展研究,2009(3):3 - 6.

[91]阳建强,吴明伟.现代城市更新[M].南京:东南大学出版社,1999.

[92]陈劲松.城市更新之市场模式[M].北京:机械工业出版社,2004.

[93]严华鸣.公私合作伙伴关系在我国城市更新领域的应用——基于上海新天地项目的分析[J].城市发展研究,2012(8):41 - 48.

[94]万勇.旧城的和谐更新[M].北京:中国建筑工业出版社,2006.

[95]姜杰,宋芹.我国城市更新的公共管理分析[J].中国行政管理,2009(4):11-14.

[96]郭湘闽,刘漪,魏立华.从公共管理学前沿看城市更新的规划机制变革[J].城市规划,2007(5):32-39.

[97]黄文炜,魏清泉.香港的城市更新政策[J].城市问题,2008(9):77-83.

[98]张更立.走向三方合作的伙伴关系:西方城市更新政策的演变及其对中国的启示[J].城市发展研究,2004(4):26-32.

[99]姜杰,贾莎莎,于永川.论城市更新的管理[J].城市发展研究,2009(4):56-62.

[100]王桢桢.城市更新的利益共同体模式[J].城市问题,2010(6):85-90.

[101]顾哲,侯青.基于公共选择视角的城市更新机制研究[M].杭州:浙江大学出版社,2014.

[102]方可.当代北京旧城更新:调查、研究、探索[M].北京:中国建筑工业出版社,2000.

[103]范文兵.上海里弄的保护与更新[M].上海:上海科学技术出版社,2000.

[104]边宝莲.我国历史城市的保护与更新[J].城市发展研究,2006,12(4):63-66.

[105]李映涛,马志韬.整体历史原真性保护与城市历史地段更新——以成都宽窄巷子改造为例[J].城市发展研究,2011(4):4-7.

[106]洪祎丹,华晨.城市文化导向更新模式机制与实效性分析——以杭州"运河天地"为例[J].城市发展研究[J].城市发展研究,2012(1):42-47.

[107]小松幸夫等.国内各种住宅寿命分布的调查报告[D].日本建筑学会计画系论文报告集第439号,1992:101-110.

[108]张又升.建筑物生命周期二氧化碳减量评估[D].中国台湾"成功大学",2002:110-111.

[109]O' Connor J. Survey on actual service lives for North American buildings[C]. Wood-frame housing durability and disaster issues conference, Las Vegas. 2004.

[110]欧阳建涛.中国城市住宅寿命周期研究[D].西安建筑科技大学,2007:60-70.

[111]赵尚传.钢筋混凝土结构基于可靠度的耐久性评估与试验研究[D].大连理工大学,2001:56-67.

[112]索清辉.基于概率理论的既有桥梁承载力评估方法研究[D].西南交通大学,2005:68-71.

[113]周勇,王丹.既有住宅平均寿命测算研究——以神木县县城为例[J].城市问题,2015(7):48-53.

[114]Golton B L. Building obsolescence and the sustainability agenda[C]//Buildings and the environment. International conference. 1997: 87-94.

[115]宋春华.全寿命高品质——坚持以人为本,实行住宅性能认定[J].住宅科技,2004(9):3-7.

[116]Langston C, Wong F K W, Hui E C M, et al. Strategic assessment of building adaptive reuse opportunities in Hong Kong[J]. Building and Environment, 2008, 43(10): 1709-1718.

[117]Rosenthal S S, Helsley R W. Redevelopment and the urban land price gradient[J]. Journal of Urban Economics, 1994, 35(2): 182–200.

[118]Shen L, Yuan H, Kong X. Paradoxical phenomenon in urban renewal practices: promotion of sustainable construction versus buildings' short lifespan[J]. International Journal of Strategic Property Management, 2013, 17(4): 377–389.

[119]詹植才. 浅谈建筑工程的质量和房屋的寿命[J]. 山西建筑, 2007, 33(16): 232.

[120]傅程远. 提高房屋建筑使用期限的意义及对策分析[J]. 房地产金融, 2010, 10: 15–18.

[121]Ho D C W, Yau Y, Poon S W, et al. Achieving sustainable urban renewal in Hong Kong: Strategy for dilapidation assessment of high rises[J]. Journal of Urban Planning and Development, 2011, 138(2): 153–165.

[122]Braid R M. Spatial growth and redevelopment with perfect foresight and durable housing [J]. Journal of Urban Economics, 2001, 49(3): 425–452.

[123]Brueckner J K. Residential succession and land–use dynamics in a vintage model of urban housing[J]. Regional Science and Urban Economics, 1980, 10(2): 225–240.

[124]Wheaton W C. Urban residential growth under perfect foresight[J]. Journal of Urban Economics, 1982, 12(1): 1–21.

[125]Clapp J M, Salavei K. Hedonic pricing with redevelopment options: a new approach to estimating depreciation effects[J]. Journal of Urban Economics, 2010, 67(3): 362–377.

[126]Dye R F, McMillen D P. Teardowns and land values in the Chicago metropolitan area [J]. Journal of Urban Economics, 2007, 61(1): 45–63.

[127]Weber R, Doussard M, Bhatta S D, et al. Tearing the city down: Understanding demolition activity in gentrifying neighborhoods[J]. Journal of Urban Affairs, 2006, 28(1): 19–41.

[128]Hufbauer G C, Severn B W. The economic demolition of old buildings[J]. Urban Studies, 1974, 11(3): 349–351.

[129]Smith N. The new urban frontier: gentrification and the revanchist city[M]. Psychology Press, 1996.

[130]范宜辉. 对影响建筑使用寿命的几个关键因素的探讨[J]. 建筑施工, 2010, 32(3): 267–268.

[131]张旭, 石玲莉, 张奔牛. 短命建筑的成因与预防对策[J]. 重庆建筑, 2011, 10(87): 18–21.

[132]言志信. 结构拆除及爆破震动效应研究[D]. 重庆大学, 2002: 25–26.

[133]Stangenberg, Fredhelm. Blast of Reinforced Concrete Indusrtial Chimneys[C]. Proc. Of the IASS–ASCE International Symposium, 1994.

[134]李承. 基于离散单元法的钢筋混凝土框架结构爆破拆除计算机仿真分析[D]. 同济大学, 2000.

[135]余德运, 杨军, 陈大勇等. 基于分离式共节点模型的钢筋混凝土结构爆破拆除数值

模拟爆炸与冲击[J].爆炸与冲击,2011,31(4):349-354.

[136]石成.钢筋混凝土连拱上部结构拆除施工与控制[D].西南交通大学,2008.

[137]周强.城市拆除爆破安全评价模型研究[D].昆明理工大学,2008.

[138]Loew S. Modern architecture in historic cities:Policy, planning, and building in contemporary France[M]. Psychology Press, 1998.

[139]刘美丁,殷跃建.城市建筑的经济寿命与规划留白[J].城市问题,2009(10):25.

[140]贺静.整体生态观下既存建筑的适应性再利用[D].天津大学,2004:4-5.

[141]陈宁.推广整体化设计延长建筑使用寿命[J].城市开发,2006(1):42-43.

[142]黄如宝,钱永峰.对《建筑法》中建筑物"合理使用寿命"相关问题的分析和探讨[J].建筑技术,2000,32(6):412.

[143]刘美霞.从产业角度看法国远离"地产泡沫"[J].中国投资,2007(10):100-103.

[144]沈建桥,李阿三.建筑工程的安全性与耐久性研究[J].中国新技术新产品,2012(4):262.

[145]Powell K. Architecture reborn:Converting old buildings for new uses[M]. Rizzoli Intl Pubns, 1999.

[146]Brandt E, Rasmussen M H. Assessment of building conditions[J]. Energy and buildings, 2002, 34(2): 121-125.

[147]Juan Y K, Gao P, Wang J. A hybrid decision support system for sustainable office building renovation and energy performance improvement[J]. Energy and buildings, 2010, 42(3): 290-297.

[148]王廷信.建筑的"旧"与"新"[J].建筑与文化,2012(5):9.

[149]申剑,白庆华.治理理论及其评价[J].广西大学学报:哲学社会科学版,2006,28(6):74-79.

[150]Rhodes R A W. The new governance:governing without government1[J]. Political studies, 1996, 44(4): 652-667.

[151]张红樱.国外城市治理变革与经验[M].北京:中国言实出版社,2012.

[152]刘霞.公共管理学科前沿与发展趋势[J].公共管理学报,2004,1(2):38-43.

[153]戴维·奥斯本,特德·盖布勒.改革政府[M].周敦仁,等,译.上海:上海译文出版社,2013.

[154]姚迈新,谭海波.新公共管理理论视阈下的中国城市治理模式转型——制度,治理主体与文化视角[J].探求,2010(2):46-51.

[155]鞠连和.论广义的新公共管理[J].东北师大学报:哲学社会科学版,2009(4):39-43.

[156]喻剑利,曲波.新公共服务视角的中国服务型政府建设[C].辽宁:辽宁省委宣传部、辽宁省教育厅、辽宁省委党校、辽宁社会科学院、辽宁省社会科学界联合会.繁荣·和谐·振兴——辽宁省哲学社会科学首届学术年会获奖成果文集,2007:710-716.

[157]彭真明,常健,江华.商法前沿问题研究[M].北京:中国法制出版社,2005.

[158]付俊文,赵红. 利益相关者理论综述[J]. 首都经济贸易大学学报,2006,8(2):16-21.

[159]李苹莉. 经营者业绩评价[M]. 杭州:浙江人民出版社,2001.

[160]Freeman, R. E. Strategic Management:A stakeholder approach[J]. Boston Pitman:Cambridge university press, 1951.

[161]Frederick W C. Business and society:Corporate strategy, public policy, ethics[M]. New York:McGraw-Hill Companies, 1988.

[162]Charkham J P. Corporate governance:lessons from abroad[J]. European Business Journal, 1992, 4(2):8.

[163]Clarkson M E. A stakeholder framework for analyzing and evaluating corporate social performance[J]. Academy of management review, 1995, 20(1):92-117.

[164]Wheeler D, Sillanpa M. Including the stakeholders:the business case[J]. Long Range Planning, 1998, 31(2):201-210.

[165]Mitchell R K, Agle B R, Wood D J. Toward a theory of stakeholder identification and salience:Defining the principle of who and what really counts[J]. Academy of management review, 1997, 22(4):853-886.

[166]陈宏辉. 企业的利益相关者理论与实证研究[D]. 浙江大学,2007:57-58.

[167]吴光芸. 利益相关者合作逻辑下的我国城市社区治理结构[J]. 城市发展研究,2007,14(1):82-86.

[168]陈宏辉. 利益相关者理论视野中的企业社会绩效研究述评[J]. 生态经济,2007(10):45-49.

[169]R. Weber, M. Doussard, S. Dev , et al. Tearing the city down:Explaining the incidence of privately initiated demolitions, Urban Planning and Policy Program, University of Illinois at Chicago[J]. 2006:19-41.

[170]Harvey D. The Urban Experience[J]. Baltimore, 1989.

[171]Iizuka H. A statistical study on life time of bridges[J]. Doboku Gakkai Ronbunshu, 1988(392):73-82.

[172]刘贵文,徐可西,张梦俐,周滔. 被拆除建筑的寿命研究——基于重庆市的实地调查分析[J]. 城市发展研究,2012(10):116-119.

[173]O'Connor, J. Survey on Actual Service Lives for North American Buildings[C]. At Wood-frame, 2004.

[174]Ravetz J. State of the stock—What do we know about existing buildings and their future prospects? [J]. Energy Policy, 2008, 36(12):4462-4470.

[175]路忽玲,周介竹. "短命建筑"的成因及解决办法[J]. 内江科技,2008,29(9):43-43.

[176]王瑞,林振荣,谢永亮等. 对影响建筑使用寿命因素的探讨[J]. 低温建筑技术,2010,32(2):24-25.

［177］郝前进. 特征价格法与上海住宅价格的决定机制研究［D］. 复旦大学，2007.

［178］Sirmans G S, Macpherson D A, Zietz E N. The Composition of Hedonic Pricing Models ［J］. Journal of Real Estate Literature, 2005, 13(1):3 - 43.

［179］Cropper M L, Deck L B, McConnell K E. On the choice of funtional form for hedonic price functions［J］. The Review of Economics and Statistics, 1988,70(4):668 - 675.

［180］Follain J R, Malpezzi S. Dissecting housing value and rent: Estimates of hedonic indexes for thirty - nine large SMSAs［M］. Washington,DC:Urban Institute Press, 1980.

［181］Clay P L. Neighborhood renewal: middle - class resettlement and incumbent upgrading in American neighborhoods［M］. Lexington, Mass: D. C. Heath. Free Press, 1979.

［182］Helms A C. Understanding gentrification: an empirical analysis of the determinants of urban housing renovation［J］. Journal of urban economics, 2003, 54(3): 474 - 498.

［183］Chen J, Galbraith J K. Institutional Structures and Policies in an Environment of Increasingly Scarce and Expensive Resources: A Fixed Cost Perspective［J］. Journal of Economic Issues, 2010, XLV(2):301 - 308.

［184］Cevik A. Unified formulation for web crippling strength of cold - formed steel sheeting using stepwise regression ［J］. Journal of Constructional Steel Research, 2007, 63 (10): 1305 - 1316.

［185］刘明. 线性回归模型的统计检验关系辨析［J］. 统计与信息论坛,2011, 26(4): 21 - 24.

［186］Fox J. Applied regression analysis, linear models, and related methods［M］. Washington:Sage Publications, Inc, 1997.

［187］Alonso W. Location and land use. Toward a general theory of land rent［M］. Cambridge: Harvard University Press, 1964.

［188］董欣. 城市住宅区位及其影响因素分析［J］. 城市规划,2001. 2(25): 33.

［189］周璐红. 区位因素对城市地价影响的分析［D］. 南京师范大学,2002: 13.

［190］Rietveld P, Wagtendonk A J. The location of new residential areas and the preservation of open space: experiences in the Netherlands［J］. Medical Physics, 2004, 36(11):2047 - 2063.

［191］Jim C Y, Chen W Y. Consumption preferences and environmental externalities: A hedonic analysis of the housing market in Guangzhou［J］. Geoforum, 2007, 38(2): 414 - 431.

［192］郭鸿懋等. 城市空间经济学［M］. 北京:经济科学出版社. 2002, 2: 69 - 79.

［193］Hin L L, Xin L. Redevelopment of urban villages in Shenzhen, China-an analysis of power relations and urban coalitions［J］. Habitat International, 2011, 35(3): 426 - 434.

［194］李建华,张杏林. 英国城市更新［J］. 江苏城市规划. 2011(12).

［195］汤晋,罗海明,孔莉. 西方城市更新运动及其法制建设过程对我国的启示［J］. 国际城市规划. 2007(22): 33 - 36.

［196］李军,丁宏研. 境外建筑拆除管理的经验及对我国的启示［J］. 建设科技,2014, 17:72 - 74.

［197］Department for Planning and Building. Demolition permission and approval［Z］. 2015.

［198］Department for Communities and Local Government. The English Indices of Deprivation 2010［Z］. 2011.

［199］The national affordable homes agency. 721 Housing Quality Indicators（HQI）Form ［Z］. 2008.

［200］The national affordable homes agency. English House Condition Survey（EHCS）［Z］. 2007.

［201］U. S federal. Housing Choice Voucher Program Guidebook［Z］. 2010, Chapter 10.

［202］Juan Y K, Kim J H, Roper K, Castro－Lacouture D. GA－based decision support system for housing condition assessment and refurbishment strategies［J］. Automation in Construction 2009, 18（4）: 394－401.

［203］Bo Fung W, Yau Y. Weightings of decision－making criteria for neighbourhood renewal: Perspectives of university students in Hong Kong［J］. Journal of Urban Regeneration & Renewal, 2009, 2（3）: 238－258.

［204］Kohler N, Yang W. Long－term management of building stocks［J］. Building Research & Information, 2007, 35（4）: 351－362.

［205］Rabun, J. S., Kelso, R. M. Building evaluation for adaptive reuse and preservation ［M］. Hoboken: New Jersey John Wiley & Sons, 2009.

［206］Kaklauskas A, Zavadskas E K, Raslanas S. Multivariant design and multiple criteria analysis of building refurbishments［J］. Energy and Buildings, 2005, 37（4）: 361－372.

［207］许可. 基于可持续理论的旧建筑改造研究—以重庆主城区旧建筑改造为例［D］. 重庆大学. 2010:53－54.

［208］陈衍泰,陈国宏,李美娟. 综合评价方法分类及研究进展［J］. 管理科学学报, 2004,7（2）:69－79.

［209］Stevens J P. Applied multivariate statistics for the social sciences［M］. London, New York: Routledge, 2012.

［210］吴明隆. 结构方程模型－AMOS 的操作与应用［M］. 重庆:重庆大学出版社.2010.

［211］Gorsuch R L. Factor analysis, 2nd［J］. Hillsdale, NJ: LEA, 1983.

［212］Kaiser H F. An index of factorial simplicity［J］. Psychometrika, 1974, 39: 31－36.

［213］Comrey A L, Lee H B. A first course in factor analysis (2nd ed.)［M］. Hillsdale, NJ: Erlbaum,1992.

［214］温忠麟,侯杰泰,马什赫伯特. 结构方程模型检验:拟合指数与卡方准则［J］. 心理学报,2004,36（2）:186－194.

［215］Ong T F, Musa G. Examining the influences of experience, personality and attitude on SCUBA divers' underwater behaviour: A structural equation model［J］. Tourism management, 2012, 33（6）:1521－1534.

[216] 邱小坛. 关于建筑物定期检测与评定的建议[J]. 工程质量, 2008, 000(006):10-14.

[217] 陈浩. 转型期中国城市住区再开发中的非均衡博弈与治理[D]. 南京大学. 2011.

[218] 简·雅各布斯. 美国大城市的死与生[M]. 上海:译林出版社, 2006.

[219] 罗小龙, 甄峰. 生态位态势理论在城乡结合部应用的初步研究:以南京市为例[J]. 经济地理, 2000(5):55-58.

[220] 耿宏兵, 刘剑. 转变路径依赖——对新时期大连市小城镇发展模式的思考[J]. 城市规划, 2009(5):79-83.

[221] 贾生华, 郑文娟, 田传浩. 城中村改造中利益相关者治理的理论与对策[J]. 城市规划, 2011(5):62-68.

[222] 张晓玲. 对城市建设拆迁中土地制度的思考[J]. 城市规划, 2006, 30(2):31-33.

附录

附录1 城市更新中既有建筑拆除决策评价指标调查问卷

尊敬的受访者:

您好!非常感谢您在百忙之中对本次问卷调查的支持和配合!

本调查的目的是为了在城市更新过程中,科学决策既有建筑(包括居住建筑,商业建筑,办公建筑等民用建筑和工业建筑)是否应该被拆除,是《城市更新背景下的建筑拆除管理机制研究》研究课题的需要。本调查旨在从建筑性能、经济效益、资源环境、文化价值、建筑区位、区域特征维度,获得评价既有建筑是否应拆除的关键指标及权重,为城市既有建筑的拆除决策提供评价标准。

本问卷填写对象为城市更新中既有建筑拆除的利益相关者(政府相关部门、房地产开发商或投资者、拆迁户/既有建筑业主、咨询机构、专家学者、社会公众、公益组织),您的答案对本研究具有十分重要的作用,烦请您根据工作经验和亲身体会,在百忙之余认真填写本问卷,我们将不胜感激。

我们在此承诺,对您填写的一切内容将严格保密,调查资料仅用于学术研究,并不会透露任何个人信息。请您尽量在收到问卷之后3日内将问卷填写完毕,并发送至邮箱xkxzj2009@126.com。再次对您的支持表示真诚的感谢!

重庆大学建设管理与房地产学院

指导教师:刘贵文教授

联系人:徐可西

二〇一五年九月

联系电话:13667679603;E-mail:xkxzj2009@126.com

重庆大学建设管理与房地产学院

二〇一五年九月

第一部分　访问对象背景资料

1. 按照既有建筑拆除决策参与者和利益相关者类型划分，您属于（可多选）

　□政府人员　　　　　　　　□房地产开发商/投资商及从业人员

　□高校专家学者/研究人员　□社团组织（公益机构）

　□拆迁及待拆迁户　　　　　□社会大众

2. 您是否参加过或正在参与城市既有建筑拆除决策工作或者事件

　□是　　　　　　　　□否

3. 您对"既有建筑拆除决策"的认知情况（可多选）

　□非常清楚　　　□清楚　　　□了解　　　□听说过　　　不清楚

4. 您认为构建"既有建筑拆除决策评价指标体系"的重要性

　□非常重要　□重要　□可有可无　□不重要　□完全没有心要

5. 城市更新或建筑拆除工作从业年限（含科研）

　□无　　□5年及以下　　□6~10年　　□11~15年　　□15年以上

第二部分　指标重要程度选择

填写说明：本问卷采用"等级评定量表"针对各指标对"既有建筑拆除决策"的影响程度从"1"到"5"进行打分，其中：1代表不需要考虑，代表不重要，3代表重要，4代表比较重要，5代表非常重要。

编号	指标	指标说明	对建筑拆除决策的重要性
X_1	结构安全性	建筑物的完损程度（工程质量、地基基础、荷载等级、抗震设防等）	□1□2□3□4□5
X_2	消防安全性	建筑耐火等级、消防装置配备情况、建筑防火结构情况、疏散设施的配备及服务情况	□1□2□3□4□5
X_3	建筑室内舒适度	室内声、光、热等舒适度水平和空气质量等	□1□2□3□4□5
X_4	建筑使用便捷性	水电、管线、电梯、无障碍及老龄化等设施的配套及服务情况	□1□2□3□4□5
X_5	建筑室内空间	室内空间布局和功能设置、空间尺度、可改造性	□1□2□3□4□5
X_6	建筑规模	单栋建筑总面积	□1□2□3□4□5

编号	指标	指标说明	对建筑拆除决策的重要性
X_7	全生命周期资源能源消耗水平	建筑全生命周期内的（从建设、维护、改造到拆除）节水、节能、节地、节材情况	□1□2□3□4□5
X_8	自然灾害	区域自然灾害发生的频率	□1□2□3□4□5
X_9	环境安全性	建筑离污水及垃圾处理厂、危化设施等污染源/危险品的距离	□1□2□3□4□5
X_{10}	配套资源情况	建筑离水体（江、湖、海）、公园、学校等自然景观与人工设施的距离	□1□2□3□4□5
X_{11}	环境和谐	既有建筑对周边的生态环境是否具有破坏性；建筑周边植被和绿地等绿化是否满足相关标准要求	□1□2□3□4□5
X_{12}	全生命周期成本	建筑一次性单位面积造价，建筑维护/改造、拆除（包括拆迁安置）费用	□1□2□3□4□5
X_{13}	建筑价值	既有建筑二手房交易情况（交易率、同区域同类型既有建筑相对出售价格）；同一片区同类型建筑的相对租金	□1□2□3□4□5
X_{14}	土地价值增长预期	既有建筑所属地块的土地价值在未来规划期内的增长水平预期	□1□2□3□4□5
X_{15}	市场需求	片区/地块/单元建筑的空置率（评价旧建筑在市场中的接受程度，如某些租金低的旧建筑被低收入人群所欢迎）	□1□2□3□4□5
X_{16}	投资回报率	不同更新模式下的投资回报率的差距（拆除重建、维护改造、综合整治等）	□1□2□3□4□5
X_{17}	业主意愿	业主对于建筑拆除或者保留的意愿	□1□2□3□4□5
X_{18}	历史延续价值	建筑与史料价值、历史事件和历史人物的关联程度	□1□2□3□4□5
X_{19}	城市历史风貌价值	对特定时期社会风貌及城市发展阶段的反映	□1□2□3□4□5
X_{20}	建筑艺术价值	建筑建设年代（建筑物楼龄），建筑独特性、稀缺性等	□1□2□3□4□5

编号	指标	指标说明	对建筑拆除决策的重要性
X_{21}	建筑技术价值	对特定时期工法与工程技术成就的反映	□1□2□3□4□5
X_{22}	建筑风貌协调性	既有建筑到历史街区或名胜古迹的距离，与周边的建筑风格（历史街区、历史建筑、名胜古迹等）协调程度	□1□2□3□4□5
X_{23}	交通通达性	建筑周边交通组织是否合理（是否拥堵），建筑距交通枢纽及公交站点的距离（交通便捷性），建筑离交通站点最远步行距离	□1□2□3□4□5
X_{24}	商业区位	建筑距 CBD/商业中心的距离	□1□2□3□4□5
X_{25}	公共服务设施可达性	社区及区域内公共服务设施的完善度和便利程度	□1□2□3□4□5
X_{26}	区域发展一致性	既有建筑是否符合区域发展规划、土地利用规划、城市更新专项规划等的相关要求	□1□2□3□4□5
X_{27}	规划可持续性	城市规划的合理性及变更频率	□1□2□3□4□5
X_{28}	基础设施投资	道路、桥梁等区域内基础设施投资额	□1□2□3□4□5
X_{29}	城市建筑空间刚性需求	城镇人口变化率	□1□2□3□4□5
X_{30}	产业结构调整情况	区域第一、第二、第三产业比例变化程度（产业结构的改变必将导致城市空间结构的置换）	□1□2□3□4□5

再次感谢您对问卷的填答！

附录2 建筑拆除决策评价指标体系评价标准

附表 2 – 1　使用性能类指标评价标准

指标	指标说明	指标意义	评分标准	得分情况	评价依据
建筑使用便捷性（SP1）	水电、管线、电梯、无障碍及老龄化等设施的配套及服务情况	使用便捷性越好越不容易被拆	全部符合	5分	被评估建筑符合相应类型的设计规范对水电、管线、电梯、无障碍及老龄化等设施配套的相关要求 住宅符合国家《住宅设计规范》（GB 50096—2011） 办公建筑符合《办公建筑设计规范》（JGJ 67—2006）
			80%子项符合	4分	宿舍符合《宿舍建筑设计规范》（JGJ 36—2005） 托儿所、幼儿园符合《托儿所、幼儿园建筑设计规范》（JGJ 39—87－1988）可能最近要出 2014 版
			60%子项符合	3分	学校符合《中小学校建筑设计规范》（GB 50099—2011） 文化馆符合《文化馆建筑设计规范》（JGJ/T 41—2014） 图书馆符合《图书馆建筑设计规范》（JGJ 038—1999） 档案馆符合《档案馆建筑设计规范》（JGJ 25—2010） 博物馆符合《博物馆建筑设计规范》（JGJ 66—2015）
			40%子项符合	2分	剧场符合《剧场建筑设计规范》（JGJ 57—2000） 电影院符合《电影院建筑设计规范》（JGJ 58—88） 商店符合《商店建筑设计规范》（JGJ 48—2014）
			20%子项符合	1分	汽车客运站符合《汽车客运站建筑设计规范》（JGJ 60—2002） 港口客运站符合《港口客运站建筑设计规范》（JGJ 86—1992） 铁路旅客车站符合《铁路旅客车站建筑设计规范》（GB 50226—2007）

续表

指标	指标说明	指标意义	评分标准	得分情况	评价依据
建筑室内空间（SP2）	室内空间布局和功能设置、空间尺度	室内空间性能越好越不容易被拆	全部符合	5分	被评估建筑符合相应类型的设计规范对室内空间布局和功能设置、空间尺度的相关要求
			80%子项符合	4分	同上
			60%子项符合	3分	
			40%子项符合	2分	
			20%子项符合	1分	
建筑室内舒适度（SP3）	室内声、光、热等舒适度水平和空气质量等	舒适度越好越不容易被拆	满足其中5项	5分	1. 隔声满足《民用建筑隔声设计规范》最低要求 2. 照明满足《建筑照明设计标准》最低要求 3. 温度符合《民用建筑供暖通风与空气调节设计规范》要求 4. 隔热符合《民用建筑热工设计规范》要求 5. 空气质量符合《室内空气质量标准》要求
			满足其中4项	4分	
			满足其中3项	3分	
			满足其中2项	2分	
			满足其中1项	1分	
配套资源情况（SP4）	建筑离水体（江、湖、海）、公园、学校等自然景观与人工设施的距离	配套资源越好越不容易被拆	含8种及以上	5分	直径1000米范围内覆盖自然景观与公共设施的数量，包括水体（江、湖、海）、学校、公园、医疗服务中心、文化活动中心等
			含7种	4分	
			含6种	3分	
			含5种	2分	
			含4种	1分	
全生命周期资源能源消耗水平（SP5）	建筑全生命周期内的（从建设、运行、改造、拆除）节水、节能、节地、节材情况	能源消耗高越容易被拆	获得80%分数	5分	依照《GBT 50378—2014绿色建筑评价标准》规范中对水、节能、节地、节材情况评价情况评价得分为依据。
			获得60%分数	4分	
			获得40%分数	3分	
			获得20%分数	2分	
			低于20%分数	1分	

附表2-2 经济效益类指标评价标准

指标	指标说明	指标意义	评分标准	得分情况	评价依据
投资回报率（EB1）	拆除重建与其他投资模式的投资回报率的对比	投资回报率越高越容易被拆	拆除重建模式投资回报率低于其他改造模式的投资回报率	5分	备注：该指标是投资者的角度
			拆除重建模式投资回报率等于其他改造模式的投资回报率	4分	
			拆除重建模式投资回报率高于其他改造模式的投资回报率20%	3分	
			拆除重建模式投资回报率高于其他改造模式的投资回报率40%	2分	
			拆除重建模式投资回报率高于其他改造模式的投资回报率60%	1分	
土地价值增长预期（EB2）	既有建筑所属地块的土地价值在未来规划期内的增长水平预期	土地价值增长越高越容易被拆	过去五年既有建筑所在地的地价年平均增长率低于周边同类型土地	5分	
			过去五年既有建筑所在地的地价年平均增长率等于周边同类型土地	4分	
			过去五年既有建筑所在地的地价年平均增长率高于周边同类型土地20%	3分	
			过去五年既有建筑所在地的地价年平均增长率高于周边同类型土地40%	2分	
			过去五年既有建筑所在地的地价年平均增长率高于周边同类型土地60%	1分	
建筑价值（EB3）	同一片区同类型建筑的相对租金	建筑价值越高越不容易被拆	既有建筑租金同一片区内同类型建筑的租金比值≥1.5	5分	
			既有建筑与同一片区内同类型建筑的租金比值为1~1.5	4分	
			既有建筑与同一片区内同类型建筑的租金比值＝1	3分	
			既有建筑与同一片区内同类型建筑的租金比值为0.5~1	2分	
			既有建筑与同一片区内同类型建筑的租金比值<0.5	1分	
市场需求（EB4）	单元建筑的空置率（评价旧建筑在市场中的接受程度反映这一类建筑经营情况）	市场需求越大（空置率越小）越不容易被拆	单元建筑空置率：0~10%	5分	按国际通行惯例5%~10%为合理范围
			单元建筑空置率：10%~20%	4分	
			单元建筑空置率：20%~30%	3分	
			单元建筑空置率：30%~40%	2分	
			单元建筑空置率：≥40%	1分	

续表

指标	指标说明	指标意义	评分标准	得分情况	评价依据
全生命周期成本（EB5）	建筑达到相同的功能、服务水平和使用年限下，对既有建筑进行维护/改造和拆除重建两种更新模式成本的对比	改造成本越高越容易做拆	维护/改造模式与拆除重建模式的成本比值<0.8	5分	两种更新模式下的成本计算公式如下所示：①拆除重建的成本=拆除成本（包括拆迁安置费）+建设成本 ②维护/改造模式的成本=维护/改造成本
			维护/改造模式与拆除重建模式的成本比值在0.8~1.0	4分	
			维护/改造模式与拆除重建模式的成本比值=1.0	3分	
			维护/改造模式与拆除重建模式的成本比值在1.0~1.5	2分	
			维护/改造造模式与拆除重建模式的成本比值≥1.5	1分	

附表 2-3　文化价值类指标评价标准

指标	指标说明	指标意义	评分标准	得分情况	评价依据
建筑艺术价值（CV1）	建筑建设年代（建筑物楼龄），建筑独特性、稀缺性等	艺术价值越高越不容易被拆	艺术价值非常高	5分	专家打分
			艺术价值较高	4分	
			艺术价值一般	3分	
			艺术价值低	2分	
			艺术价值较低	1分	
城市历史风貌价值（CV2）	对特定时期社会风貌及城市发展阶段的反映	风貌越高越不容易被拆	反映程度非常高	5分	专家打分
			反映程度较高	4分	
			反映程度一般	3分	
			反映程度低	2分	
			反映程度较低	1分	
历史延续价值（CV3）	建筑与史料价值，历史事件和历史人物的关联程度	历史价值越高越不容易被拆	非常关联	5分	专家打分
			较为关联	4分	
			一般关联	3分	
			轻微关联	2分	
			无关联	1分	
建筑风貌协调性（CV4）	既有建筑到历史街区或名胜古迹的距离，与周边建筑风格（历史街区、历史建筑、名胜古迹等）协调程度	风貌越高越协调不容易被拆	非常不协调	5分	专家打分
			较为协调	4分	
			一般协调	3分	
			轻微不协调	2分	
			非常不协调	1分	

续表

指标	指标说明	指标意义	评分标准		得分情况	评价依据
建筑技术价值（CV5）	对特定时期工法与工程技术成就的反映	技术价值越高越不容易被拆	反映程度非常高		5分	专家打分
			反映程度较高		4分	
			反映程度一般		3分	
			反映程度低		2分	
			反映程度较低		1分	

附表 2-4 文化价值类指标评价标准

指标	指标说明	指标意义	评分标准	得分情况	评价依据
城市建筑空间刚性需求（RD1）	城镇人口变化率	空间刚性需求越高越容易被拆	城镇人口率年年增长率小于等于1%	5分	城镇人口率按照统计年鉴计年的城镇人口所占比重来计算（区）
			城镇人口率年年增长率1%~5%	4分	
			城镇人口率年年增长率5%~10%	3分	
			城镇人口率年年增长率10%~15%	2分	
			城镇人口率年年增长率大于15%	1分	
产业结构调整情况（RD2）	区域一、二、三产比例结构（产业结构的改变必将导致城市空间结构的置换）	产业结构变化大越容易被拆	3年内区第三产业占占比年比年平均增幅小于1%	5分	
			3年内区第三产业占占比年比年平均增幅位于1%~3%	4分	
			3年内区第三产业占占比年比年平均增幅位于3%~5%	3分	
			3年内区第三产业占占比年比年平均增幅位于5%~7%	2分	
			3年内区第三产业占占比年比年平均增幅大于7%	1分	
基础设施投资（RD3）	道路、桥梁等区域内基础设施投资额	基础设施投资额越高越容易被拆	基础设施投资额增速小于等于5%	5分	
			基础设施投资额增速位于5%~15%	4分	
			基础设施投资额增速位于15%~25%	3分	
			基础设施投资额增速位于25%~35%	2分	
			基础设施投资额增速大于等于35%	1分	
规划可持续性（RD4）	城市规划的合理性及变更频率	规划变更次数越多越容易被拆	区域控规在5年内有过4次变更	5分	
			区域控规在5年内有过3次变更	4分	
			区域控规在5年内有过2次变更	3分	
			区域控规在5年内有过1次变更	2分	
			区域控规在5年内无变更	1分	

附表 2 - 5　建筑区位类指标评价标准

指标	指标说明	指标意义	评分标准	得分情况	评价依据
公共服务设施可达性（BL1）	社区及区域内公共服务设施的完善程度和便利程度	可达性越好越容易被拆	建筑到社区及区域内公共服务设施的步行距离 ≥1km	5分	
			建筑到社区及区域内公共服务设施的步行距离 0.75～1 km	4分	
			建筑到社区及区域内公共服务设施的步行距离 0.5～0.75km	3分	
			建筑到社区及区域内公共服务设施的步行距离 0.25～0.5km	2分	
			建筑到社区及区域内公共服务设施的步行距离 ≤0.25km	1分	
商业区位（BL2）	建筑距 CBD/商业中心的距离	商业区位越好越容易被拆	建筑距 CBD/商业中心的距离 ≥5km	5分	
			建筑距 CBD/商业中心的距离 4～5km	4分	
			建筑距 CBD/商业中心的距离 3～4km	3分	
			建筑距 CBD/商业中心的距离 2～3km	2分	
			建筑距 CBD/商业中心的距离 ≤2km	1分	
交通通达性（BL3）	建筑周边交通组织是否合理（是否拥堵），建筑距交通板组及公交通站点的距离（交通便捷性），建筑离交通站点最近步行距离	交通通达性越好越容易被拆	建筑距交通板组或公交站的步行距离 ≥1km	5分	
			建筑距交通板组或公交站的步行距离 0.75～1km	4分	
			建筑距交通板组或公交站的步行距离 0.5～0.75km	3分	
			建筑距交通板组或公交站的步行距离 0.25～0.5km	2分	
			建筑距交通板组或公交站的步行距离 ≤0.25km	1分	
区域发展一致性（BL4）	既有建筑是否符合区域发展规划、土地利用规划、城市更新专项规划等的相关要求	越符合规划越不容易被拆	符合规划要求	5分	
			通过改造可达到规划要求	3分	
			不符合且改造无法达到规划要求	0分	

附表2-6 建筑安全类指标评价标准

指标	指标说明	指标意义	评分标准	得分情况	评价依据
结构安全性 (BS1)	建筑物的完损程度(工程质量、地基基础、荷载等级、抗震设防等)	结构安全性能越好越不容易被拆	a_u级:具有足够的承载能力,不必采取措施,只需正常维护	5分	根据《民用建筑可靠性鉴定标准》(GB50292—2015)
			b_u级:尚不显著影响承载力,可不采取措施	4分	
			c_u级:显著影响承载能力,应该采取修缮措施	2分	
			d_u级:严重影响承载能力,必须及时采取措施	1分	
环境安全性 (BS2)	建筑离污水及垃圾处理厂、危化设施等污染源/危险品的距离	环境安全性能越好越不容易被拆	建筑距离污水及垃圾处理厂、危化设施等污染源/危险品≥4km	5分	《危险化学品经营企业开业条件和技术要求 GB18265—2000》
			建筑距离污水及垃圾处理厂、危化设施等污染源/危险品3~4km	4分	
			建筑距离污水及垃圾处理厂、危化设施等污染源/危险品2~3km	3分	
			建筑距离污水及垃圾处理厂、危化设施等污染源/危险品1~2km	2分	
			建筑距离污水及垃圾处理厂、危化设施等污染源/危险品≤1km	1分	
自然灾害 (BS3)	区域自然灾害发生的频率	指标得分越高,越容易被拆除	过去5年内发生自然灾害的次数少于上一个5年内的次数	5分	自然灾害包括:干旱、洪涝、台风、冰雹、暴雪、沙尘暴等气象灾害,火山、地震、山体崩塌、滑坡、泥石流等地质灾害,风暴潮、海啸等海洋灾害,森林草原火灾和重大生物灾害等
			过去5年内发生自然灾害的次数等于上一个5年内的次数	4分	
			过去5年内发生自然灾害的次数相对上一个5年多出1次	3分	
			过去5年内发生自然灾害的次数相对上一个5年多出2次	2分	
			过去5年内发生自然灾害的次数相对上一个5年多出3次	1分	
消防安全性 (BS4)	建筑耐火等级、消防装置配备情况、建筑防火结构情况、疏散设施的配备及服务情况	消防性能越好越不容易被拆除	子项的现场抽样检查和功能检测,综合评定合格	5分	《建筑工程消防验收评定暂行办法》
			子项的现场抽样检查和功能检测,80%合格	4分	
			子项的现场抽样检查和功能检测,60%合格	3分	
			子项的现场抽样检查和功能检测,40%合格	2分	
			子项的现场抽样检查和功能检测,20%合格	1分	

重要学术术语索引